新红星苹果的果实

矮化中间砧
红富士苹果树结果状

新乔纳金苹果结果状

果面贴字的苹果

1

修梯田准备建苹果园

苹果园生草和铺银色反光膜

苹果园喷灌

苹果园微喷灌

2

苹果树高接换种状

"V"字形苹果树

主干开心形苹果树

纺锤形苹果树

3

环剥状

环割状

开角状

刻芽状

4

果实套袋栽培

设有防雹网的苹果园

人工授粉

疏果

金纹细蛾危害状

卷叶蛾危害状

苹果瘤蚜危害状

桃小食心虫危害状

瓢虫幼虫取食蚜虫状

食蚜蝇幼虫取食蚜虫状

苹果斑点落叶病症状

苹果腐烂病溃疡型病斑初期症状

苹果轮纹病症状

主干局部腐烂苹果树桥接状

患苹果轮纹病枝干上的病瘤

苹果炭疽病症状

腐烂病病疤刮治状

农作物种植技术管理丛书

怎样提高苹果栽培效益

主 编

聂继云 汪景彦

副主编

董雅凤

编著者

聂继云 汪景彦 董雅凤 沈贵银

刘凤之 仇贵生 王文辉 杨振锋

王 强 游国玲 张怀江 王宝亮

李 静 王志华 李海飞 王孝悌

金盾出版社

内 容 提 要

　　本书由中国农业科学院果树研究所聂继云、汪景彦研究员等编著。主要介绍提高苹果栽培效益的重要性,苹果栽培效益的概况,提高苹果栽培效益的努力方向,在品种选择、选址建园、土肥水管理、整形修剪、花果管理、病虫害防治和采贮加工等方面存在的误区,以及相应地走出误区、科学操作、提高效益的方法,并对苹果营销与经济效益进行了客观有益的分析。全书内容翔实,技术先进,经验实用,指导性强,通俗易懂,便于学习和操作。适合广大果农、园艺技术人员学习使用,也可供农林院校有关专业师生阅读参考。

图书在版编目(CIP)数据

　　怎样提高苹果栽培效益/聂继云,汪景彦主编.—北京:金盾出版社,2006.9
　　(农作物种植技术管理丛书)
　　ISBN 978-7-5082-4185-2

　　Ⅰ.怎… Ⅱ.①聂…②汪… Ⅲ.苹果-果树园艺 Ⅳ.S661.1

　　中国版本图书馆 CIP 数据核字(2006)第 085712 号

金盾出版社出版、总发行

北京太平路 5 号(地铁万寿路站往南)
邮政编码:100036 电话:68214039 83219215
传真:68276683 网址:www.jdcbs.cn
彩色印刷:北京精美彩色印刷有限公司
黑白印刷:北京金星剑印刷有限公司
装订:桃园装订厂
各地新华书店经销
开本:787×1092 1/32 印张:7.875 彩页:8 字数:173 千字
2009 年 3 月第 1 版第 3 次印刷
印数:19001—39000 册 定价:13.00 元

前　言

　　苹果,是我国的第一大水果。2004年,苹果的栽培面积为187.67万公顷,产量为2 367.55万吨,分别占全国水果栽培面积的19.21%和产量的28.2%。自1996年以来,我国苹果生产处于持续发展和调整阶段,栽培面积以平均每年13.88万公顷的速度压缩,产量以平均每年82.79万吨的速度递增。到2004年,我国苹果单位面积产量已经达到1.26吨/667平方米,逐步向先进国家的2吨/667平方米靠拢,苹果已成为我国加入世界贸易组织以后,具有比较优势的十三大农产品之一。

　　自2001年加入世界贸易组织以来,我国苹果出口和国外苹果进口的机会进一步增加。苹果市场竞争日益激烈。我国苹果产业正经历由数量效益型向质量效益型转变的重要时期,苹果质量效益备受关注和重视。正确认识苹果栽培中存在的问题和认识误区,解决效益问题和营销策略,掌握提高效益的有效方法,对苹果生产经营者适应产业形势转变和提高苹果质量与效益至关重要。为此,我们编写了《怎样提高苹果栽培效益》一书,以期为苹果生产者与经营者,提供指导和参考。

　　全书共分九章。第一章着重论述了提高苹果生产效益的重要性、目前苹果生产效益的基本情况以及提高苹果生产效益的努力方向和途径。第二章至第八章分别从品种选择、园址选择与建园、土肥水管理、整形修剪、花果管理、病虫害防治、采后处理与保鲜贮藏等七个方面,介绍了认识误区和存在问题,并在此基础上阐述了相应的提高效益的方法。第九章论述了苹果营销,分析了苹果经济效益。

本书由聂继云、汪景彦主编,董雅凤任副主编。第一章"苹果栽培效益至关重要"、第五章"整形修剪"和第六章"花果管理",由汪景彦负责编写;第三章"园址选择与建园"、第四章"土肥水管理"和第九章"苹果营销与经济效益分析"由聂继云负责编写;第二章"品种选择"和第七章"病虫害防治"由董雅凤、沈贵银、刘凤之和仇贵生负责编写;第八章"采后处理、贮运与加工"由王文辉和杨振锋负责编写。参加编写的人员还有王强、游国玲、张怀江、王宝亮、李静、王志华、李海飞和王孝悌。王金友研究员提供部分资料,李海航绘制部分插图,特致谢意。

由于是首次针对如何提高苹果栽培效益的问题进行专门论述,而提高苹果栽培效益方面的资料又比较有限,因此,本书可能存在不够完善和错误之处,敬请广大读者批评指正。

编著者

目 录

第一章 苹果栽培效益至关重要

一、提高苹果栽培效益的重要性

当前,苹果生产皆为商品生产,商品必须进入市场,转变为价值,转变为货币。所谓苹果生产效益,是指生产者从苹果生产各环节中获得的经济利益的高低。经济效益高,是指生产投入小,获得利润高(以利润率表示),所得的纯收入多;经济效益低,是指在同样投入条件下,获得的利润低,纯收入少,甚至亏本。苹果生产和经营的成功与否,归根结底取决于生产效益的高低。因此,提高苹果生产效益,是苹果产销的命脉。其重要性体现在以下几个方面:

(一)是苹果业经济可持续发展的重要保证

只有在生产效益高的条件下,苹果业才能持续发展。在1996年前,红富士苹果生产效益好,每667平方米产值可达2万~4万元,每年苹果面积增加10万~15万公顷;1997年后,红富士苹果价格疲软,逐年下跌(高档果除外),苹果面积逐年下降,2004年已从1996年的300万公顷降至187.67万公顷,减少了40%左右。与此相反,苹果汁生产由于利用了廉价的残次果,经济效益很高,我国由苹果汁生产小国一跃而成为苹果汁生产大国和出口大国。2000年,我国出口浓缩苹果汁16.2万吨,2001年增至22.8万吨,占全世界浓缩苹果汁出口量的 35％；2003 年，我国浓缩苹果汁出口 42 万吨，占全世界浓缩苹果汁出口量的 70％以上；2004 年，我国浓缩苹果汁出口 55 万吨，占全世界浓缩苹果汁出口量的 80％以上。

（二）是保持果农和经销商
积极性的重要前提

果农栽植和管理苹果的积极性完全决定于生产效益高低。如某树种、某品种炒得火，果品售价高、市场紧缺，果农就抢购苗木，进行密植栽培，以求早实丰产，夺取更多收益；反之，当某一果品供过于求，价格过低，赔本经营，果农便丧失务果信心，不愿投工、投资，使果园呈半荒废状态，严重时，便开始刨树毁园了。有时，在遇到"小年"时，因无利可图，果园管理也放松了。所以，果农的积极性是衡量生产效益的尺子。

从事果品商业活动的人，主要看利润厚薄，有利可图时，经营积极性高，无利或只有微利可图时，经营积极性低或不经营。如这几年，经营低档果不赚钱或赔钱，经营中档果微利，只有经营高档果、出口果才有较多利润。同样道理，贮运低档、中档和高档果的利润也分别是赔钱、微利和多利。所以，只有经营市场容量大、销售价高、市场青睐的果品，才能调动经营者的积极性。

（三）是促进苹果产区经济
繁荣的重要因素

就苹果而言，一个树种、一个品种生产效益好，可成为当地的主导产业。如山东栖霞市、山西临猗县、河南灵宝市和陕西洛川、白水、礼泉县，都是全国著名的苹果基地，经济发展，市场繁荣。

苹果生产,是涉及产区政府、果农、果商和相关企业的庞大系统,各阶层、各部门都因生产效益而联系起来,都为提高生产效益而工作,为果业兴旺而奋斗。苹果生产效益提高了,其产区的经济繁荣了,果农的经济收入和生活水平就提高了,建立在苹果生产基础之上的其他事业,也就兴旺起来了。

二、目前苹果栽培效益的基本情况

(一)基本成绩和经验

长期以来,果区繁荣和果农致富,皆源于较高的果品生产效益。苹果树是一种长寿、高产、经济效益高的树种。10年前,秦冠苹果在陕西渭北旱原条件下,一般667平方米产量在4～5吨,最高可达8.5吨,收入在1万～2万元;新红星苹果在山东、河南、山西和辽宁等地,667平方米产量在3～4吨,收入在万元左右;红富士苹果在上述地区,667平方米产量大多在2～4吨,收入在1万～3万元。各地致富典型甚多。以西北黄土高原果区为例,气候干旱,缺少灌溉条件,但光照强,温差大,无污染,所产苹果糖度高,着色浓,耐贮运,无公害,颇受国内外果商欢迎。过去,陕西省白水县是贫困县,丰收年景667平方米产小麦(单季)170千克,吃粮靠返销,生活无接济。从上世纪80年代开始,大力发展红富士苹果生产,到1995年共栽植2.33万公顷苹果树,现已陆续进入盛果期,经济致富的村很多。多数村人均果园1 300多平方米,人均苹果收入4 000～5 000元,苹果已成为当地果农奔小康的主导产业。又如,山西省运城市临猗县北辛乡,全乡2.8万人,有0.687万公顷耕地,苹果面积0.333万公顷,人均有苹果地1 335平方米左右。1995年,当地苹果总产量为1亿千克,人均苹果收入3 000元左右;该乡1985~1986年间,年人均收入只有200~300元,小麦667平方米产量在125千克左右,棉花667平方米产量在20千克左右。发展苹果后,以果促财,以财办水,以水保粮,每667平方米粮食产量翻了一番多,达到275千克,总产量达1 500万千克,上交公粮500万千克,5天完成,群众富了,感谢党和国家的关怀。现已扩大水浇地面积30余倍,打成128眼机井(花费为14万~17万元/井),同时,饮食、包装和交通运输业也得到迅速发展。全乡大修果库,可贮果6万吨,果品销往我国东南沿海各省市的43个城市;办教育,上学率达99.8%。逐步实现农村城市化的目标,农村面貌焕然一新。在提高果品生产经济效益方面,果区、果农和企业单位等,都取得了良好成绩,积累了许多宝贵经验。

1. 走"四高"之路

苹果是生产技术性强,产值高的树种,也是高投入的树种。在一定范围内,投入越多,科技含量越高,产出越多,经济效益也最显著。如高档红富士示范园,667平方米投入2 000~2 500元,其产出可达10 000元,纯收入7 500~8 000元;粗放管理的红富士园,667平方米投入500元左右,产出达2 000元,纯收入1 500元上下。前者纯收入是后者的5倍,也就是说1公顷精品红富士的经济纯收入,等于5公顷中、低档红富士的经济纯收入。再从提高科技含量来说,施用生长调节剂PBO叶面肥的果园,其产投比为20∶1;喷布高桩素的新红星和红富士苹果,其产投比为5∶1;施SOD酶的红富士苹果,其产投比为5~7∶1。果农致富,果区繁荣,完全取决于纯收益的高低。高投入,高科技,高产出,高收入,这"四高"是果农致富的必由之路。"要想富,管好树,靠科技,多投入",这是致富的诀窍。

2. 产区调整

栽果树要适地适栽。通常将栽植区划分为最适宜区、适宜区、次适宜区和非适宜区。提倡在前两个区栽植果树,不提倡或避免在后两个区域栽植。在最适宜区栽植果树,树体生长发育好,自然灾害少,成花结果早,果实品质好,技术水平高,销售网络健全,经济效益显著,果农务果积极性高。如国家农业部制定的苹果优势区域发展规划,将山东省的胶东半岛,辽宁省的大连、营口和葫芦岛,以及河北省的秦皇岛,划入渤海湾苹果优势区域;西北黄土高原苹果优势区域,以陕西省渭北旱原果区为主,并涵盖了甘肃省的泾川和静宁,山西省的运城和临汾,以及河南省的灵宝市,国家立项,重点支持,发展外向型果业经济。与此同时,陕西省收缩关中和陕北苹果产区,向优生区(适宜区和最适宜区)集中。

过去,对红富士苹果的发展已作出限定,即北线在最冷月份-10℃线以南。如果有的地方小气候好,也可适度栽植。如果不顾科学规定,就会出现盲目栽植,遭遇周期大冻害或感染粗皮病等。例如,葫芦岛市曾规划发展2万余公顷红富士苹果树,现已所剩不多,给生产和果农造成巨大损失,教训十分深刻。红富士苹果栽植南线划在北纬33°附近的里下河地区,江苏高邮、兴化一线,包括扬州和盐城一部分。这里年均温在15℃以下,冬季低温尚能满足打破休眠的要求,夏季高温不会导致明显的生理障碍。但该地区降雨多,地下水位高,土壤黏重,所栽植的红富士苹果树易造成烂根,感染轮纹病也较重,故只宜适量发展。

新红星苹果早已做出区划,其分区是:

(1) 最适宜区 新红星苹果的最适宜栽培区,一是陇东南、渭北地区：包括甘肃省的天水、庆阳和平凉，陕西省的铜川、洛川、礼泉、彬县和长武等县；二是银兰灌区：包括宁夏回族自治区灵武、中宁、青铜峡等县(市)；三是晋中地区：包括山西省的祁县、太谷和榆社等县。

（2）适宜区 一是华北区：包括北京、山东、河北、山西和天津，以及辽宁省的锦州、葫芦岛、大连与营口市的大部分，陕西省的秦岭北麓和陕北，宁夏回族自治区的南部与陇东北一部分；二是川西北的茂汶、小金区：包括茂汶、小金、汶川、理县、黑水及马尔康的一部分；三是川西南、滇东北区：包括盐源、昭觉、越西、喜德、美姑、昭通、鲁甸、威宁和赫章；四是湟水下游区：包括青海省的民和、循化、化隆和尖扎等县；五是新疆区：包括南疆的库尔勒、库车、阿克苏、喀什、和田、莎车和叶城等县(市)，以及北疆的霍城、伊宁、尼勒克和新源等县。

以上区域的划分，为新红星苹果的区域发展，提供了科学的依据。

3. 树种调整

在树种结构中，过去三大树种比重过大，苹果、梨和柑橘的栽培面积占全国水果树面积的 67%，以致造成采收劳力紧张，市场上供过于求，价格急速下跌，相对效益降低，果农务果积极性不高。通过近几年的宏观调控和市场引导，上述三大树种的栽培面积比例已降至 46%，桃、杏、李、樱桃、枣和石榴等小树种比重均有相应的增加。陕西省关中地区，在 20 世纪 60 年代发展了 1.5 万公顷苹果，表现结果晚，产量低，品质差，售价不高，且不耐贮运。十几年前，周至和眉县等地将苹果树挖除，改栽猕猴桃。那些年，猕猴桃售价每千克 8 元左右，果农兴致勃勃地说："我们是挖了银山换金山"。一些果农挖除苹果树，改栽桃树和樱桃树，效益大增。所以，群众有以下一条宝贵经验："充分掌握果业信息，洞察市场动态，不断更新调整，常立不败之地。"

4. 品种调整

苹果品种结构不尽合理，晚熟品种比例过大，采收紧张，上市集中，市场分布不合理，形成明显的淡季与旺季，售价不稳定，影响生产效益。红富士苹果已成为主栽品种，2004年，红富士苹果产量达 1 452.3 万吨，占当年苹果总产量 2 367.5 万吨的 61.3%。单一品种产量过大，会影响市场水果的多样性，同时，易出现供大于求的情况。近年，一些苹果产区，尤其新区，重视发展早熟和中晚熟品种，价格不错，如萌、松本锦、藤牧一号、珊夏、美国八号和嘎拉系苹果等，每千克最高售价为 6 元。虽然单位面积产量比晚熟品种低一点，但纯收入不错，使果农从中得到了实惠。国家农业部提出，早、中熟品种应分别达 15%、20%。因此，应重视品种结构的调整，进一步改善苹果市场供应状况。

5. 品质改善

苹果的品质，是提高苹果生产效益的根本因素。在国内外市场竞争中，果品质量是决定性因素，也是竞争的焦点。我国苹果产量占世界苹果产量的 34%，可是出口量只有 3% 左右，出口量只占世界苹果出口量的 6%。其所以如此，最重要的因素还是果品质量问题。

我国苹果在周边国家（如俄罗斯、东南亚国家、哈萨克斯坦和蒙古等国）占有较大的市场份额，并不断得到提升，如菲律宾、马来西亚、越南、缅甸、尼泊尔和朝鲜等国家所进口的苹果，80% 以上来自中国；而印尼、泰国、新加坡和斯里兰卡等国的进口苹果，30%～40% 来自中国，而且提升空间很大。中国苹果在俄罗斯市场上的份额，维持在 20% 左右。中国苹果在荷兰、英国、西班牙和阿拉伯联合酋长国的市场中,占有率均不足 10%。近年来,我国苹果(高档果)开始打入欧美市场,但缺乏竞争力。主要表现在以下两个方面:

一是我国苹果商品化处理程度低,还沿用分级板分级,外观不好看,等级不严格。加之,我国苹果冷链运输不完善,货架期短,难以满足欧美市场高档消费的要求。

二是有些苹果的质量安全没有完全达到欧美的标准。目前,欧美已普遍推广病虫害综合防治体系(IPM),优先采用物理、生物防治措施,尽可能减少农药、除草剂等化学物质的应用,尽量减少对环境的破坏和人类健康的危害。同时,对进口水果制定了越来越苛刻的检疫标准。近年来,虽然我国已制定和实施无公害生产标准,但比例不大,许多果园还沿用传统管理技术,农药、除草剂和生长调节剂等问题仍十分突出,而周边国家多属发展中国家,进口限制不如欧美苛刻,故我国苹果对周边国家出口较出口欧美容易。从长远看,我国苹果要更多地进入欧美市场,必须进一步改善果品质量。

从国内市场看,果品质量也是关键因素。随着消费结构、消费人群和消费水平的变化,对高档、优质果需求量不断增加。当前,优质果价格是低档果价格的 4~5 倍,有科技含量的高档果,1 个果可卖 5~10 元,最高有卖到 50 元的。当今,苹果生产已从数量效益型转为质量效益型,人们不再追求过高的产量,667 平方米产量一般不要超过 3 000 千克,套10 000 个果袋就可以了,甚至套 5 000~6 000 个果袋也可以。只要质量好,就必然受到青睐,不但售价高,而且销售得快。

改善果品质量是时代和市场的需要,是先进的综合技术有机配合的结果,如良好的气候条件,合理肥培和土壤管理,树冠良好的通风透光条件;细致、及时、严格的花、果管理,套优质果袋,并配以摘袋后的摘叶、转果及铺银膜;综合防治病虫害,将化学物质的应用减少到最低限度;采后精细的果实商品化处理,适宜的保鲜贮藏和冷链运输等诸多环节。有的果区应用十项技术、十八道工序生产优质果,其经验值得借鉴。

6. 创名牌

一个响当当的名牌是无形资产,无价之宝。我国苹果最早的名牌是甘肃的"花牛"苹果。其果实是产于天水的红星,在 20 世纪 60~70 年代享誉国内外。另一名牌是山东省海阳市徐家店镇王家山后村的"皇家红富士",曾带动其周围约4 000公顷红富士果园,畅销于我国东南沿海地区,打入东南亚国家市场,风行于 20 世纪 90 年代至今。前几年,我国的"泉"、"龙果"、"鲁冠"牌等相继问世,也有良好的品牌形象。有了稳定的质量,品牌的信誉度就有了保证,市场竞争力就强,其营销渠道通畅,消费者信得过,销量大,售价高。因此,生产效益佳。各地争相注册自己的品牌,如申请无公害食品、绿色食品、有机食品基地和果品,用法律保护自己的利益。

(二) 主要问题

影响苹果生产效益的因素较多,主要有下述几点:

1. 相对效益下降

近年来,苹果价格下滑。如 1983 年苹果收购价格为每千克 0.6 元,1995 年为 1.85 元,上升 3 倍。然而,此后至 1999 年,苹果价格降至每千克 0.86 元。但与价格相比,苹果的生产成本非但未下降,反而上升很快,1999 年每 667 平方米达到 918.86 元。由于生产成本上升太快,导致成本纯收益率不断下降,1983 年成本纯收益率为285.0%,1999 年下降到42.50%。因此,果农的收益严重下降,生产积极性受挫。但不同苹果产区之间苹果生产成本差别较大:河北顺平最高,为1.46元/千克;其次是河南灵宝,为1.20元/千克,陕西白水为1.00元/千克;而山西临猗最低,仅为0.48元/千克(表1-1)。山西临猗苹果质量优势不强,但有成本优势,是果农维持苹果生产的动力之一。相反,成本高的地区,一旦售价下跌和销售不畅,果农就会亏损,随之停止生产或采取刨树种植其他作物的做法,这是可以理解的。

表1-1 苹果生产成本比较 (常平凡,2002)

引自《中国苹果产销现状调查及战略研究》

产 区	1996 年		1997 年		1998 年		3 年平均
	10 元/日	5 元/日	10 元/日	5 元/日	10 元/日	5 元/日	7.5 元/日
山西临猗	0.52	0.42	0.52	0.42	1.00	0.34	0.48
陕西白水	1.10	0.78	1.30	0.90	1.12	0.80	1.00
山东栖霞	2.16	1.50	2.30	1.62	2.30	1.64	1.92
河北顺平	1.82	1.24	1.72	1.16	1.68	1.14	1.46
河南灵宝	1.36	1.02	1.28	0.94	1.50	1.10	1.20
平 均 (元/千克)	1.39	0.99	1.42	1.01	1.52	1.00	1.212

注:"10 元/日"表示劳动成本按每天 10 元计算,"5 元/日"表示劳动成本按每天 5 元计算,"7.5 元/日"表示劳动成本按每天 7.5 元计算

2. 盲目发展,宏观失控

我国苹果发展艰难曲折,几起几落。1958～1960 年,渤海湾果区出现了不小的发展势头;同时,开始建立黄河故道果区。接着是三年困难时期,许多新栽果树因疏于管理而未成果园,但也保留了一大部分。1968 年前后,又掀起一次发展高峰,如秦岭北麓果区栽植了近 20 万公顷苹果(主栽品种为国光、元帅系),后因粮果矛盾突出,果树发展受阻,仅余下1/4

左右。这些园子在 20 世纪 70～80 年代发挥了富民作用。20 世纪中后期,由于全国掀起密植热,果园面积骤增。随着这批幼树的投产,20 世纪 80 年代中期,全国苹果生产处于数量效益阶段,产量成倍增长,一下子从几百万吨增至 1 000 余万吨,成为世界苹果生产大国。20 世纪 80 年代初和中期,伴随红富士苹果和新红星苹果的协作开发,苹果发展达到高峰,苹果面积每年以十几万公顷的速度增长。1995 年曾达到近 300 万公顷。其中,有一部分是在次适宜区和不适宜区栽植的,如红富士树栽在元月份平均气温为－10℃以下的地区,或靠近南线(高温高湿区)栽植。

从 1996 年开始,由于总量过大,苹果市场竞争加剧,价格以每年 20％～30％的速率下滑。国家提出调整意见,使苹果加速向优生区(最适区)集中,实现规模经营,集约管理。一些盲目发展、过量栽植、经营不善、效益低下和无力维持的果园,开始刨树,时至今日,全国刨除的苹果树占苹果树总数的近 37％,即减少栽培面积 110 余万公顷。如今,栽培面积仍是稳中有降(2004 年比 2003 年减少苹果栽培面积 1.25％)。刨除如此数量的苹果园,按栽树(树苗、栽植)成本,每年管理费合计,约合 600 亿人民币,果农忍痛付出了难以承受的代价。教训是极为深刻的:一是不按品种区划发展;二是发展数量过大:三是发展过快,技术、资金、劳力等难以满足正常生产需要,又未能及时、有效地控制发展过热现象,这种"红富士苹果现象"至今仍让人难以忘怀。

3. 产品附加值分配不合理

苹果的产前、产中和产后增值各有不同。苹果自然产值与最终产值的比例,美国为 1∶3.8,日本为 1∶2.2,我国仅为 1∶1.38。即使是这一部分附加值,果农也所得甚微,几乎全部流入供销和轻工环节,农民仅靠出售初级产品获得自然产值,分配极不合理。这也是果农不能快速致富的原因之一。

4. 单产低,经济效益差

由于我国栽培苹果的土地多分布在丘陵山地,缺水少雨,土层瘠薄,水土流失严重;果园基础设施缺乏。还由于重栽轻管,经营粗放,果树结果晚、产量低,我国约有 30% 的苹果园尚未投产,而且投产园中还有 1/3 左右属低产劣质园。按最新资料统计,2000～2004 年,我国苹果每公顷产量分别为9.06 吨,9.69 吨,9.93 吨,11.10 吨,12.62 吨,虽然逐年在增产,但产量水平仅为国外先进生产国的 1/3～1/2,在世界 88个苹果生产国家和地区中,排名第 60 位以后。我国苹果产量的增长,主要靠扩大栽植面积所取得。由于单产低,大小年现象时有发生,土地产出率不高;因此,经济效益偏低。

5. 产业化滞后,供需矛盾大

美国苹果主产区——华盛顿州,几乎 100% 的苹果都经过采后商品化处理。而我国苹果采后的商品化处理量仅占总产的 1%,绝大多数以人工挑选分级为主,个别地区虽然有分级流水线但闲置不用。采用条筐、普通纸箱和网袋等简易包装,基本上以初级产品投放市场,这是我国苹果商品均一度低、质量差、缺乏竞争力的主要原因之一。

另外,我国水果贮藏能力约占水果总产量的 15%～20%。其中,气调贮藏仅占百分之几,冷藏占 5%～7%,绝大部分采用土窑洞、半地下库、节能库或土法贮藏,与国外 80%的贮藏能力相比,相距甚远。贮藏和运输中的损失率,约占苹果总产量的 20%,合 350 万吨左右。这个数字惊人,它相当于国外一个主产国的产量。

再者,我国苹果加工总体水平不高。加工苹果汁,每年消耗苹果(主要为残次果)400万吨左右,占总产量的20%左右;而美国有45%、阿根廷有50%、欧洲有29%的苹果产量用于加工,而且加工品种丰富,有苹果酒、苹果醋和苹果脆片等。我国加工品的质量也逊于国外同类产品。所以,苹果加工品售价不高,经济效益不太好。

我国苹果生产中存在着小生产与大市场、分户承包经营与适度规模、相对单一品种与广泛的市场多样化需求等矛盾。苹果产销无序,缺乏科学配套的产业规范和标准化体系,市场行为极不规范,各自为战,相互倾轧,尚未形成有力的行业组织和产业化集团。所以,行业效益难得充分发挥。国外苹果销售都有强有力的组织形式(例如果业协会)、固定的渠道和品牌。而我国只有极少数的注册商标,多数没有冠名。在销售渠道中,国营渠道逐年萎缩,个体果商比例大,规模小,定价标准混乱,波动性大,影响了国际大市场的开发,还出现了许多不规范行为(规格标准不严、品种混杂、均一性差、以次充好、以假乱真、包装粗劣、缺乏冷链运输等),严重影响了我国苹果质量和产业形象,降低了产品的国际竞争力和经济效益。

三、提高苹果栽培效益的途径

(一) 优化品种结构

1. 开发国产品种

我国已拥有世界上流行的各种优良苹果品种资源50余个,如早熟品种有藤牧1号、安娜和伏帅等;中熟品种有津轻系、嘎拉系、新红星和金冠等;晚熟品种有红富士和乔纳金系等;加工品种有红玉和澳洲青苹等。这些主栽品种基本是引自国外,这就注定了我国苹果生产只能跟在外国后面跑,始终处于被动地位。为了彻底摆脱这种局面,必须大力研发我国自己的新品种。目前,我国 10 余个科研、教学和推广单位参与农业部重点科技攻关项目"苹果新品种选育",已获得一些具有世界先进水平的新品种。如中国农业科学院果树研究所,通过花药培养培育出红富士纯系——华富,由金冠×惠杂交育成华红;山东省烟台选育出的烟富 1、2、3、4、5、6 号品种,其品质已全面超过现行的红富士苹果;中国农业科学院郑州果树研究所培育的华冠品种,成为代替金冠、红星的大面积栽培品种。还有各地选育的芽变、杂交品种。过去曾因资金缺乏难以迅速推广应用,现在科研经费充足,应大力推广国产苹果优新品种,打出自己的品牌。

2. 优化品种结构

长期以来,我国苹果结构欠佳。一是早、中、晚熟品种不配套,早熟品种偏少,7~8 月份几乎无苹果上市;晚熟品种比重过大,可能超过 70%,造成上市集中,影响正常售价。二是加工苹果品种太少,未建立起加工原料基地,仅用残次果加工,影响加工果品的数量和质量。按市场和实际需要,早、中、晚熟品种比例,应调整到 15%、20% 和 65%;要选用专用加工品种,如红玉系、凯威、红科普、昂塔、格曼斯和澳洲青苹等(表 1-2)。同时,也要注意加工品种早、中、晚熟期的合理搭配,使加工企业处于相对饱和的榨汁季,提高厂房和设备的利用率,从而提高加工企业的经济效益。为生产优质苹果加工品,应在加工业基础好、交通通讯发达、领导重视和资金有保障的苹果最适宜区,或适宜区,建设 5~6 个有一定规模的苹果优质加工原料基地。

表 1-2 几个苹果加工品种的内质

(傅润民,2005 年)

品　　　种	可滴定酸(%)	可溶性固形物(%)	维生素 C(毫克/100 克)
凯　　威	0.85～0.90	14.0	11.0
红 科 普	1.20	15.0	17.0
昂　　塔	1.20	15.5	20.0
格 曼 斯	0.79	15.8	20.0
澳洲青苹	0.57	11.8	7.9

（二）改善果品质量,增强市场竞争力

与先进苹果生产国相比,我国苹果的外观和内质都比较差,优质果率只有 40% 左右,而国外为 70%～80%,相差甚远。优质高档果供不应求,而且价格较高,销售容易,但目前这种果只占 5%～10%。中档果占 60% 左右。由于产量过大,供过于求,价格不高,常有卖果难的现象。低档果约占 20%。在大、中城市,劣质果无市场,积压滞销,只能流向一般非果区农村。由于质量较差,因而使出口受阻(不符合进口国要求),出口量小,出口率低（3% 左右）,换汇少。虽然有价格优势,但经济效益受到很大的不利影响。

在这种形势下,应加大苹果优势区域开发,增加资金投入,提高果农技术素质,加大苹果生产的科技含量,运用先进实用技术。例如推广以下 10 种新技术:高接换种,控冠改形和改造低产园,低质低效园;果树营养诊断和果园配方施肥技术;果园生草覆盖技术和改土施肥技术;果园节水灌溉技术;果实套袋技术;转果、摘叶、铺反光膜技术;生物农药、高效低毒农药使用技术;苹果高桩素、增红剂、生长调节剂(叶面肥)

使用技术；苹果采后商品化处理及贮运新技术；应用果品经济信息网等。应将上述技术纳入基地建设计划，立项开题，给予项目经费支持，使之一一落实到位。

（三）加强科技培训，提高果农技术素质

苹果质量高低，是由管理技术水平决定的。目前，一些苹果产区技术老化，田间管理还沿用传统方法，不能与时俱进。现在已是质量效益时代，但还采用数量效益时代的管理技术，如多留枝、多留花与果，生产的果品产量很高，但质量太差。为了生产优质果，提高果园的生产效益，必须提高生产者的质量意识、商品观念和市场观念，采用国内外先进技术与经验。为此，各级业务部门应采取多种方式培训果农，用较短时间培养出有中等技术水平的农技队伍；同时，现有科技人员也能得到知识及经验的更新，以适应新要求，顺应新形势。

（四）延长产业链，建立产销联合体

1. 提升苹果采后商品化处理能力

因地制宜，根据财力、产量和市场需要，选购不同功能、不同能力的商品化处理设备。有手动、半自动和全自动设备，有重量分级机和光电颜色分级机；有大、中、小型处理机之分，有几万至几百万元设备之别。总之，应酌情选择，使果品采后商品化处理能力，在几年之内由 1%提高到 20%。

2. 增加贮藏保鲜能力

积极推广产地节能贮藏保鲜技术，争取兴建更多的机械冷库和气调库，试用 1-甲基环丙烯（1-MCP）贮藏保鲜剂，以使全国苹果贮藏能力由 20%提高到 50%左右。

3. 兴办果品加工厂

在产地以自办、联办与合资等形式,建立果汁厂、脆片厂、果酒厂和果醋厂等,为果农解除生产后顾之忧,生产高附加值产品。既能内销,又可出口,销路畅,产值高。

4. 在销售地建立果品批发市场

多渠道打开市场销路,扩大多种形式的宣传,提高产品信誉,实行产运销一条龙服务,减少中间环节,建立农工贸联合体,一业带多业,滚动发展,确保苹果多次、多环节增值。建立大批果品批发市场,是产业化的重要步骤。其优点:一是将优质果有组织地集中到批发市场销售,既可减少果农独自外销的费用,又能解除果农卖果难的后顾之忧;二是既有利于优质果采后商品化处理和集中销售管理,保证苹果的商品质量和稳定的市场价格,从而确保果农的可靠经济收入,又能有效控制注册商标和高档包装,充分发挥名牌效应和商标的作用;三是既能规范市场行为,防止以次充好,以假乱真的不法行为,又有利于国家防止税收的流失,增加国家税收收入。因此,建立果品批发市场,是利国利民的一件好事,应有计划地筹建、管好。

(五) 加强科技攻关

任何一种有竞争力的苹果产品,都是高科技或科技含量高的产物。要振兴果业,变苹果生产大国为生产强国,必须依靠科技,尤其是高科技。为此,要加强苹果科研工作,如培育出领导世界新潮流的品种和砧木,创造生产优质果的整形修剪新技术,研究无公害食品、绿色食品、有机食品苹果生产新技术和无病毒防治技术,努力寻找贮、运、包装、加工新材料、新技术和新产品,总结提出优质丰产栽培技术,以及研究国内外市场及经销规律,加强果业可持续发展研究,发挥政府及果业主管部门的宏观调控和具体指导作用。在推广条件好转的情况下,将科技成果迅速普及推广下去,让科技转变为强大的生产力。果农有了好品种、好技术、好设施、好质量和好销路,一定会快富、大富起来。

(六) 加强果园经济投入

在实际生产中,苹果园投入太少是非常普遍的现象。一些苹果园由于传统的认识和经济的原因,而采取"重栽轻管"、"有苗不愁长"、"什么时候来果,什么时候管"的做法,必然导致一种恶性循环,不管理就不结果,迟结果,结果少,品质差,严重的后果是挫伤了果农务果的积极性。还有些果园为追求早期产出,把果园投入主要用于间作物上,实践证明,间作物种得越好,收入越多,果树结果越晚,效益更差。

我们曾调查了山东、河北、辽宁和陕西等省近 30 个新红星、红富士和秦冠苹果品种的早期丰产园。调查结果表明,只有高投入,才能高产出。二者成正相关关系。经过对栽后 4～5 年生新红星苹果园投入与产出的统计分析后得知,4～5 年生密植苹果园,每 667 平方米苹果园面积的总投入只有达到920 元和 1 270 元以上时,苹果园才可能收回投资,并有较多的纯收入(表 1-3)。

表 1-3 山东新红星密植丰产园栽后 5 年各项投入与产出情况

(汪景彦、刘凤之,1990 年)

调查果园	1	2	3	4	5
建园投入(元/667 平方米)	211.0	215.0	274.0	165.0	165.0
肥料投入(元/667 平方米)	961.9	920.5	516.0	246.5	136.0

调查果园		1	2	3	4	5
各项管理	用工(元/667平方米)	125.0	132.5	119.0	101.0	71.5
	投入(元/667平方米)	625.0	662.5	595.0	505.0	357.5
农药投入(元/667平方米)		308.0	124.0	215.7	250.0	150.0
灌水投入(元/667平方米)		15.0	37.0	25.9	49.0	49.0
总投入(元/667平方米)		2120.9	1959.0	1626.6	1215.5	875.5
果粮间作	投入(元/667平方米)	100.0	138.0	180.0	287.5	287.5
	产出(元/667平方米)	500.0	225.0	300.0	500.0	500.0
	纯收入(元/667平方米)	400.0	87.0	120.0	212.5	212.5
果品产出	累计产量(千克/667平方米)	4000.0	2431.4	1800.0	525.0	97.5
	产值(元/667平方米)	6400.0	3647.4	2160.0	735.0	136.5
果品纯收入(元/667平方米)		4279.1	1688.4	533.5	−480.5	−721.0
果园纯收入(元/667平方米)		4679.1	1775.4	653.9	−268.0	−508.5
投入:产出		1:3.0	1:1.9	1:1.3	1:0.6	1:0.2

随着果园总投入水平的提高,栽后 4～5 年的累计产量和果品纯收入也随之增加,二者呈极显著的正相关,其回归方程如表 1-4。

表 1-4　4～5 年生新红星园投入与产出分析

(刘凤之、汪景彦,1990 年)

各年投入	累计产量 (千克/667平方米)	果品纯收入 (元/667平方米)	果园纯收入 (元/667平方米)
栽后 4 年总投入 (元/667平方米)	r=0.9848 * * y=2.65 x−1821.6	r=0.9790 * * y=3.1 x−2851.6	r=0.9769 * * y=2.8x−2111.3
栽后 5 年总投入 (元/667平方米)	r=0.9436 * * y=2.71x−2501.4	r=0.8646 * * y=3.2x−4072.6	r=0.8491 * * y=3.2x−3879.3

注: r 为相关系数,右上角的 * * 表示相关性极显著。x 为总投入,y 为产出

从表1-4中的直线方程,可以得出规律性认识:新红星苹果园投入越多,投入与产出比越高,高者达1:2.8～3.0,低者仅为1:0.14～0.2。密植丰产园经济效益好,投入与产出比达1:5～6以上。在总投入中,4～5年生密植丰产园,建园费占10%左右,肥料费占40%～50%,用工费占30%左右,农药费占7%～10%,灌水费占5%～10%。每667平方米果园管理用工在25个左右。红富士比新红星管理难度大,各项投资增加,如套袋、摘叶、转果和铺反光膜等,总投资比新红星增加30%～50%。

最后,还应着重指出,果园的高投入必须在先进的科技指导下,才能产生高效益。如20世纪80年代后期至90年代中期,新红星密植园采用小冠树形,深翻改土,秸秆覆盖,足量施有机肥和无机肥,轻剪拉枝,控制花、果留量,喷布高桩剂等,达到栽后3年结果,4～5年667平方米产量在1 000～3 000千克,在苹果生产上起到了良好的示范作用。有些果园,虽然栽得密了,但还沿用传统技术,如采用大冠疏层树形,重剪轰条,多用氮肥,过分供水,不搞夏剪等,造成树势过旺,树冠太大,株、行间交接严重,成花晚,结果迟,产量低的后果。因此,经济效益很差,栽后4～5年仍然收不回投资,甚至亏本。

总之,为提高苹果园的生产效益,必须增加经济投入和技术投入,按规范技术要求,适时、适度完成各项田间作业,才能彻底改变果园面貌。

第二章　品种选择

品种选择是苹果栽培的重要环节。选择的品种是否适应当地的生态条件和立地条件,是否有良好的市场前景,是否熟期配套,是否搭配合理,是否高产优质兼顾等,都是决定苹果栽培能否成功、生产者能否获得可观经济效益的关键因素。

一、认识误区和存在问题

(一) 盲目选用

在苹果品种选择中,有的果农存在很大的盲目性,主要反映在以下三个方面:一是沿用生产上已经淘汰的品种和不符合生产发展趋势的品种。二是不考虑市场需要和本地区的生态条件与管理水平。三是过分相信苗木广告宣传,不进行引种试验。盲目选用品种,往往导致生产出的苹果质量差,售价低,销售困难,给生产者和经营者造成巨大的经济损失。例如红富士苹果树由于抗寒性较差,在冬季寒流来得早、气温过低或气温变幅过大的年份,容易出现不同程度的冻害;在北方果区,肥、水条件好的果园,幼树易贪青生长,枝条不充实,早春遇生理干旱,容易引起不同程度的抽条现象。

(二) 一味求新

许多苹果生产者一味追求新品种,认为只要是新品种,就会有良好的市场前景和经济效益。然而,新品种大多没有经过大面积的区试,适应性尚不明确,贸然引进和大面积栽培,可能带来意想不到的后果和灾难性的损失。比如新品种北斗和早捷,刚一开始时,其品种特性并未被人们所全部认识。其实,北斗果实霉心病重,采前落果多,产量得不到保证;早捷,果实霉心病重,易绵,经济效益低下。二者都不宜大面积发展。这两个突出的例子表明,切忌凭一则广告,或看到一个果实,就认定其品种的优良性而大面积栽植。这种对新品种的盲目追求,客观上也助长了育苗商在繁育和销售苗木中搞"一品多名"的造假现象,致使苗木市场品种名称五花八门,苹果生产者在品种选择时无所适从。

(三) 比例失调

品种选择中的比例失调现象表现如下:

一是苹果生产者从经济效益考虑,只发展售价高的品种(比如富士),而忽略辅助品种和授粉树的适宜配比,出现品种单一的问题,对花朵充分授粉,提高产量和质量,带来严重的不利影响。苹果属于异花授粉树种,在自然条件下,大多数品种自花不实,少数品种虽能结实,但坐果率低,难以满足丰产要求。配置授粉树,是解决这个问题的有效办法。

二是由于晚熟品种苹果大多品质好,耐贮运,因而使苹果生产者只重视晚熟品种,而忽视了早熟品种和中熟品种,以致早、中、晚熟比例失调,甚至原来栽植的一些早、中熟品种也逐渐通过高接换头被富士等晚熟品种所代替。使晚熟苹果过剩,早、中熟苹果严重不足。这种品种结构难以适应多样化的和不断变化的市场需求。以富士优系为晚熟主栽品种,适量地发展一些名优早、中熟品种,是适应市场的正确选择。

二、提高品种选择效益的途径

(一)要选择与所在地区生态条件相适应的优良品种

1. 苹果生态区划

影响苹果栽培的生态因素很多,以年平均气温、积温、极端最低气温,6～8月份(晚熟品种地区到9月份)的平均气温、气温日较差、空气相对湿度、日照时数、光质,以及4～9月份的降水量等指标最为关键。根据这些指标,可将苹果生态区分为最适宜区、适宜区、次适宜区和可种植区(表2-1)。其中,生态最适宜区和适宜区,是苹果大规模商品生产发展的主要生态区。我国苹果生态最适区,包括黄土高原区和川滇横断山脉区,是我国优质苹果主产区和外销基地,具有优质、高产和高效等特点,尤其以元帅系和金冠等表现突出。适宜区包括渤海湾区和华北平原区,是我国最大的苹果集中产区和商品基地。

(1)黄土高原区 主要包括东起太行山、西至青藏高原边缘山地、南至秦岭北麓和渭河以北、北至宁夏平原以南的黄土高原大部分地区,如渭北高原、陇东陇中高原、山西高原部分、银川以南灌区、青海湟水和黄河灌区部分,以及甘肃河西走廊灌区和新疆伊犁谷地。

(2)川滇横断山区 包括北起川西、南至滇东北北纬26°～32°的横断山脉中北段。代表产区有四川的小金、茂县、金川、丹巴、巴塘、乡城、盐源、喜德和昭觉等,以及云南的丽江和昭通等。

表 2-1 苹果生态适宜性的主要气候指标

（引自《苹果学》,束怀瑞,1999）

生态适宜性	全年			6~8(9)月				4~9月
	1 平均气温 (℃)	2 ≥10℃积温 (℃)	3 极端最低气温 (℃)	4 月平均气温* (℃)	5 平均气温日较差 (℃)	6 月平均相对湿度* (%)	7 月日照时数及光质* (h)	8 降水量 (mm)
最适值	9(8.5)~12.5	2800~3600	<−20.0	17.5~22.0(16.0)	>10.0	<70(75)	>190 紫外光多	400~550
适宜值	8.0~9.0 或 12.5~13.5	2400~2800 或 3600~4300	<−25.0	16.0~17.5(>15.0) 或 22.0~24.0(<20.0)	>8.0	<75(80)	>160 紫外光较多	<400 或 >700
次适值	6.5~8.0 或 13.5~16.5	1600~2400 或 4300~5100	<−28.0	13.5~16.0(>12.0) 或 24.0~27.0(<21.0)	>8.0	<80(85)	>140	<200 或 >800
可适值	<6.5 或 >16.5	<1600 或 >5100	<−30.0	<13.5~16.0(>11.0) 或 >27.0(>22.0)	>8.0	>80(85)	<120	<100 或 >1000

* 月平均值变幅

(3)渤海湾区 包括辽南、辽西,燕山和山东半岛部分地区,是我国苹果栽培最早,产量和面积最大,生产水平最高的老产区。

(4)华北平原区 包括冀东和冀中南大部,鲁西北和鲁中南部。这也是中国最大的苹果集中产区之一。

2. 按品种区划栽植

我国已制定新红星苹果栽植区划,确定了红富士苹果的栽植界限,其他苹果品种的区划均有待制定。按区划栽植,可充分发挥苹果品种的优势和当地自然条件的优势,从而获得最佳效益。今后应坚持最适宜区有规划地扩大栽植、适宜区适度开发、次适宜区限制发展或避免盲目栽植的原则。在广大苹果栽培适宜区内,可栽培富士系、元帅系、乔纳金系、津轻系和嘎拉系等优新品种。在高温多湿的南方,应选择辽伏、伏帅、甜黄魁和金水苹等抗病虫、耐高温多湿的品种。在气候冷凉、靠近苹果分布北界(内蒙、辽宁北部)的部分地区,应选择宁丰、宁酥、寒富、秋锦和锦红等抗寒、抗霜能力强的品种。

(二) 实行早、中、晚熟优良
品种的合理搭配

在选择苹果品种时,要依据当地贮藏和运输条件、市场容量及品种贮藏性,确定早、中、晚熟品种的组成比例。就一个省、一个地区或一个县而言,一般早熟品种比例不超过 15%,中熟品种约占 20%,晚熟品种约占 60%。在城镇和工矿区附近,可适当增加早熟品种的比例。远郊区和交通不便的山区,应增加晚熟、耐贮运品种的比例。就同一地块而言,品种不宜过多,而且成熟期应相近,最好是选用 2～3 个可互为授粉树的主栽品种。另外,年均温也是选择不同熟期品种的重要依据。一般而言,年均温低的果区,应栽培早熟至中晚熟品种;年均温在 9℃～11℃ 的果区,各种成熟期的品种均可栽培,但应以晚熟为主,适当增加早熟品种的比例。年均温在 12℃ 以上的果区,应以早、中熟品种为主,兼顾晚熟品种。

1. 早熟品种

(1)美国 8 号 系美国品种。平均单果重 240 克左右,果实近圆形。果皮底色乳黄,着艳丽鲜红霞。果肉黄白色。肉质细脆多汁,酸甜适口,芳香味浓,品质上等。室温下可贮藏 30 天左右。

(2)萌 系日本品种。平均单果重 200 克左右,果实近圆形。果皮底色黄,全面着鲜红色。果肉黄白色,细脆多汁,甜酸爽口,风味浓郁,具有嘎拉和富士的综合风味,品质为极上等。室温下可贮藏 15～20 天,冷藏条件下可贮数月。

(3)珊 夏 由日本和新西兰共同育成。平均单果重 200 克左右,果实短圆锥形。果皮底色黄绿,着鲜红色,有条纹。果肉黄白色,肉质稍粗,松脆多汁,甜酸味浓,品质中上等。室温下可贮藏 20 天左右。

(4)松 本 锦 系日本品种。平均单果重 350 克左右,果实扁圆形。鲜红色。果肉乳白色,硬脆多汁,甘甜可口,风味极佳,品质上等。室温下可贮藏 20 天。

(5)藤牧 1 号 系美国品种。平均单果重 210 克左右,果实圆形或长圆形。果皮底色黄绿,着鲜红色条纹。果肉黄白色,肉质松脆多汁,酸甜爽口,有芳香味,品质上等。室温下可贮藏 20 天左右。

2. 中熟品种

(1)超 红 系美国品种。平均单果重 170 克左右,果实圆锥形。果面底色黄绿,全面浓红。果肉绿白至乳白,细脆多汁,味甜,有香气,品质上等。室温条件下可贮存1个多月。

(2)嘎拉 系新西兰品种。平均单果重130克左右,果实圆锥形或近卵形。果皮底色黄色,着红色条纹或鲜桃红色晕。果肉淡黄白色,肉质致密,汁液多,酸甜适中,清香味浓,品质上等。较耐贮。

(3)红王将 系日本品种。单果重250克以上,果实近圆形或扁圆形。果皮底色黄绿,果面全红,有艳丽红条纹;果肉黄白色,肉质致密、细脆多汁,甜酸适中,风味好,品质上等。较耐贮存,自然条件下可贮至春节前后。

(4)华冠 系我国品种。平均单果重180克左右,果实圆锥形。果面底色金黄。果肉白色,肉质致密,脆而多汁,酸甜味浓,品质上等。室温条件下可贮6个月。

(5)华红 系我国品种。平均单果重250克左右,果实长圆形。果面底色绿黄,被鲜红霞或全面鲜红。果肉淡黄色,肉质细脆多汁,味酸甜,有香气,品质上等。

(6)金冠 系美国品种。平均单果重160克左右,果实圆锥形或卵圆形。色泽金黄色,有时(高海拔地区)阳面有红晕。果肉黄白色,致密,细脆多汁,香甜微酸,品质上等。较耐贮藏,在半地下式贮藏库中可贮至翌年2~3月份。

(7)津轻 系日本品种。平均单果重170克左右,果实圆形或近圆形。果面底色黄绿,全面被淡红色条纹。果肉黄白色,肉质中粗,松脆多汁,酸甜适度,微香,品质为极上等。果实可贮藏1个月左右。

(8)乔纳金 系美国品种。平均单果重200克左右,果实近圆形或短圆锥形。果面底色绿至淡黄色,着鲜红霞,有不明显的断续条纹。果肉浅黄色,细脆多汁,酸甜味浓,有浓郁芳香,品质上等。果实冷藏条件下可贮5个月,贮藏期间果面分泌油蜡。

(9)首　红　系美国品种。平均单果重 160 克左右,果实圆锥形。果面底色绿黄,全面浓红,有隐约条纹。果肉乳白色,细脆多汁,味甜或酸甜,香气浓,品质上等。宜冷藏。

(10)王　林　系日本品种。平均单果重 200 克左右,果实圆柱形或长圆锥形。果面底色黄绿。果肉乳白色,致密,细脆多汁,甜酸适度,具独特芳香味,品质上等。较耐贮藏,在半地下式贮藏库中可贮至翌年 3 月份。

(11)新 世 界　系日本品种。平均单果重 250 克左右,果实长圆形。果面底色绿黄,全面浓红,有暗红条纹。果肉黄白色,肉质致密,汁液多,味甜酸,有香气,品质上等。室温条件下可贮藏 2 个月,冷藏条件下可贮藏 6 个月。

3. 晚熟品种

(1)富　士　系日本品种。平均单果重 230 克左右,果实近圆形或扁圆形。果面底色黄绿或绿黄,阳面有红霞和条纹。果肉黄白色,肉质松脆,汁液多,风味酸甜,品质上等。果实极耐贮,冷藏条件下可贮至翌年 6 月份。

(2)红 富 士　富士的着色系芽变品种,统称红富士。主要有长富 2 号、岩富 10 号、烟富 1、烟富 6 和礼泉短富等。这些品种由于品质优良,着色好,因而在我国苹果主产区大面积推广。目前,我国红富士栽培面积已占苹果栽培面积的 60%以上。

(3)寒　富　系我国品种。平均单果重 230 克左右,果实短圆锥形。果面底色黄绿,可全面着红色。果肉淡黄色,肉质松脆,汁液多,甜酸适口,品质上等。耐贮藏,在半地下式自然通风库内可贮 6 个月。

(4)澳 洲 青 苹　原产于澳大利亚,为鲜食加工兼用优良品种。平均单果重 200 克左右,果实圆锥形或短圆锥形。果面翠绿色,部分果实阳面有少量褐红或橙红晕。果肉白色,肉质中粗,硬脆致密,汁多,味酸或很酸,生食品质中等。果实极耐贮,冷藏条件下可贮至翌年 7～8 月份。

(5)粉红女士 系澳大利亚品种。平均单果重 200 克左右,果实近圆形。果面底色绿黄,着全面粉红或鲜红色。果肉乳白至淡黄色,硬脆多汁,酸甜适口,香味浓,风味佳。果实极耐贮藏,室温下可贮至翌年 5 月份。

(6)青香蕉 系美国品种。平均单果重 200 克左右,果实圆锥形。果面淡绿色。果肉黄白色,肉质致密,汁中多,酸甜,浓香,品质上等。较耐贮藏,可贮至翌年 4 月份。

(7)国 光 美国品种。平均单果重 130 克左右,果实扁圆形或近圆形。果面底色黄绿,着红霞和暗红色粗细不等的条纹。果肉黄白色,肉质致密,脆而多汁,酸甜适度,品质上等。耐贮藏,可贮至翌年 3～5 月份。

(三) 所选择品种与种植目的相一致

苹果生产者应根据种植目的(出口还是内销,鲜食还是加工等)选择品种。目前,我国苹果以鲜销为主(占 80% 以上),经过贮藏保鲜,基本上可以达到季产年销。对于鲜销苹果,以外销为主者,应选栽高档、优质品种,如红富士、粉红女士、新红星、新乔纳金、新嘎拉和红津轻等。以内销为主者,若为抢占前期销售市场,则应选栽早、中熟品种,如藤牧 1 号、美国 8 号、萌、珊夏、松本锦、嘎拉、红王将、华冠、华红、金冠、津轻、乔纳金、超红、首红、王林和新世界等;若为占据后期销售市场,则应选栽晚熟、耐贮运的品种,如红富士、寒富、澳洲青苹、粉红女士、青香蕉和国光等。

近年来,我国苹果加工业有了较大发展。苹果汁生产尤其发展迅速,现已成为世界第一大苹果浓缩汁出口国。苹果酒等加工产品也在开发中。过去,我国苹果加工业大多采用鲜食品种的残次落果,所生产出的加工品质量差,售价低。随着市场对苹果加工品需求的逐步提高,苹果加工品种的需求也日益迫切。苹果加工品种应具有适应性广、抗病性强、耐粗放管理、丰产、酸味和香味较浓、可溶性固形物含量较高、果汁多和不易褐变等特点。酿酒用苹果,还要求有一定的涩味,即单宁含量较高。我国现有苹果品种中,红玉、乔纳金、红云、旭、君袖、大绿、冬青和澳洲青苹等,均可选用。此外,山东农业大学还从法国、英国等国家引进苹果加工品种,这些品种可弥补我国苹果加工原料低酸、低单宁、少芳香的不足。

可供选择的苹果加工品种如下:

(1) **瑞林 (Judeline)** 系法国品种。开始结果极早,丰产稳产。抗病性强。果实耐贮运。果面红色。单果重80～120克。出汁率为70%～75%,苹果酸含量为4.8克/升,制汁品质优良。

(2) **瑞丹 (Judaine)** 系法国品种。结果早,丰产,极稳产。抗病性强。果实耐贮运。果面红色。单果重70～120克。出汁率为70%～75%,苹果酸含量为6.9克/升,制汁品质极佳。

(3) **瑞连那 (Juliana)** 系法国品种。结果较早,丰产。抗病性较强。果实耐贮运。果实黄色。单果重70～100克,出汁率为65%～70%,苹果酸含量为10.3克/升,高糖高酸,是优良制汁品种。

(4) **上林 (Chanteline)** 系法国品种。结果早,丰产性强。抗黑星病。果实黄色。单果重100～150克,出汁率为

70%～75%,苹果酸含量为 6.2 克/升,适于制汁和制酱。

(5)瑞拉（Jurella） 系法国品种。结果早,丰产。抗病性较强。果实耐贮运。黄色。单果重 70～120 克,出汁率为60%～70%,苹果酸含量为 11.0 克/升,是优良制汁品种。

(6)酸王（Avrolles） 系法国品种。结果早,丰产,较稳产。果实极耐贮。红色。单果重 40～70 克,出汁率为70.7%,苹果酸含量为 11.6 克/升,果汁极酸,可用于其他品种果汁的调酸。

(7)小黄（Petit jaune） 系法国品种。开始结果极早,极丰产。果实耐贮。黄色。单果重 47 克,出汁率为 69.5%,苹果酸含为 7.5 克/升,单宁含量为 1.2 克/升,果汁酸,芳香浓郁。既适于制汁,也适于与甜苹果汁勾兑酿制苹果酒。

(8)Judor 系法国品种。结果早,丰产。抗病。果实耐贮。底色黄,果面着条红色。单果重 40～70 克,出汁率为65%～70%,苹果酸含量为 8.3 克/升,是优良的制汁品种。

(9)甜麦（Douce moet） 系法国品种。结果早,丰产,有大小年结果现象。果实耐贮。黄色。单果重 38～64 克,出汁率为 63%,苹果酸含量为 2.3 克/升,单宁含量为 2.43克/升。果汁香气浓,色泽深,适于酿酒。所酿制的苹果酒柔和清香,并带苦味。

(10)甜格力（Douce coetligne） 系法国品种。结果早,极丰产,较稳产。果实耐贮。黄色有红晕。单果重 50～70克,出汁率为 65%,苹果酸含量为 1.9 克/升,单宁含量为1.85克/升。果汁甜,略带香气,适于酿酒,一般与较苦苹果酒勾兑。

(11)苦开麦（Kermerrien） 系法国品种。结果早,丰产。果实耐贮。红色。单果重 47 克,出汁率为 67.4%,苹果酸含量为1.5克/升,单宁含量为4.4克/升。果汁甜涩,略带香气,适于酿造甜涩、醇厚型苹果酒,用于勾兑。

(12)苦绯甘(Frequin-rouge) 系法国品种。丰产,大小年结果现象中等。果面红色。单果重50~60克,出汁率为65.5%,苹果酸含量为2.5克/升,单宁最高含量达5.06克/升。果汁甜涩,香气浓,是酿制甜涩型苹果酒的基本品种。

(13)美那(Marie menard) 系法国品种。结果稍晚,丰产性强。抗病性较强。果实耐贮。红色。单果重50~90克,出汁率为64.1%,苹果酸含量为2.0克/升,单宁最高含量达5.08克/升,果汁味苦涩,适于酿制优质涩口型苹果酒。

(14)大比耐(Dabinette) 系英国品种。结果早,丰产。果实耐贮。果面黄色,有红晕。单果重50克,适于酿制甜苦型优质苹果酒。

除上述品种外,法国品种还有瑞星(Judestar,适于制汁)、贝当(Bedan,适于酿酒);英国适于加工的苹果品种,还有 Michelin、Tremletts bitter、Taylors brown's apple、Harry Master's Jersey、Brown snowt、Vilberie、Ashton bitter、Chisel Jersey 和 Kinston balck 等。

(四)重视低劣品种树的高接换优

高接换优,是在低劣品种的大树枝条上,换接优良品种接穗的一种方法。该技术简便易行,在苹果生产中的应用相当普遍。我国一些老果区存在品种老化问题,一些新果区则存在品种混杂与劣质的问题。进行高接换优改造,是解决上述问题的重要途径。

1.高接换优的主要优点

(1)提早结果 高接换种的原品种树已经生长一定的年

限,枝条发育比较成熟,一般接后 1～2 年可恢复树冠,第二年少量挂果,第三年即可丰产。

(2)矮化树体 高接换优后的树体均比高接前的树冠小。例如,3 年生国光苹果高接红富士苹果,5 年后树高仅 2.8 米,冠径为 2.6 米,比同龄乔砧红富士树矮 20% 左右。因此,高接换优树适于密植,便于管理。

(3)提高抗寒性 由于高接口对有机物的截留,使越冬保护物质积累增多,树体抗寒力可提高 1℃～3℃。此外,由于嫁接部位提高了 1～1.5 米,使高接部位气温高而稳定,有利于苹果树安全越冬。

(4)提高经济效益 通过高接换优,对不合理的品种结构进行调整,可显著提高苹果产量、品质和市场竞争力,从而增加苹果生产的经济效益。

2. 高接换优操作

(1)园地选择 所选果园应地势平缓,土层较厚而肥沃,有灌溉条件。砧树树龄基本一致,树冠大小相近,园貌整齐;砧树品质不好,产量低。品种混杂园最好在幼树期改造。

(2)砧树选择 砧树应健壮,树体完整,病虫害较轻。树龄以 10 年生以下为好,最好是 3～5 年生。树龄小,树势强,高接成活率高。

(3)品种选择 高接品种必须既有优良的品质,又有良好的市场前景。高接品种必须与砧树品种相适应,例如,高接红富士以国光砧树为最好。

(4)接穗准备 应尽可能采用脱毒接穗,以提高成活率和生长率,有效预防和减少高接衰退病和黄化病等病害的发生。春季枝接,接穗可结合冬剪收集,然后置于窖内沙培贮藏,温度控制在 1℃ 左右。夏季和秋季的绿枝接穗,应随剪随用。

剪取后,要立即剪掉叶片,保留叶柄,并注意保鲜防干。

(5)高接时期 春、夏、秋三季均可高接。春季为4~5月份,其中皮下枝接(插皮接)适期为花序伸出期至盛花期。夏季为6月份。秋季为8月份。

(6)高接部位 苹果树高接部位(图2-1)的确定应与树形改造相结合。例如,对于群体郁闭的密植园,高接时应改为体积更小的树形;原为小冠疏层形树体的果园,高接时应改为自由纺锤形;原为自由纺锤形树体的果园,高接时可改为细长纺锤形。

图 2-1 苹果树的高接部位

(7)高接方式 苹果高接换种有三种方式,即一次性大抹头、一次性多头高接和多次性高接。一次性大抹头适用于树干较细的1~3年生幼树。一次性多头高接效果最佳,适用于5年生以上的树,接后当年即可恢复树冠,管理方便,早实丰产。多次性高接容易造成生长不平衡,除为了补接外,一般不提倡采用。

(8)高接方法 春季以枝接为主,夏季和秋季以芽接为主。春季枝接,可采用皮下接、切接、腹接和劈接等方法(图2-2),但以皮下接为最好,其次是切接。夏季和秋季在幼树各骨干枝的延长梢上,采用芽接法进行高接,翌春剪砧,不影响树冠扩大。

3. 注意事项

(1)适当留枝 对于结果树,一次性换完全树枝头,常常会引起部分根系饥饿,导致地上部死亡。因此,高接时应保留

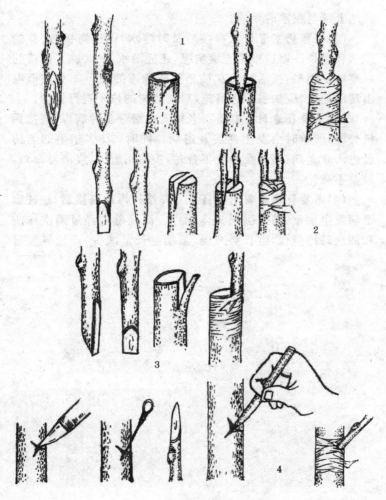

图 2-2　苹果高接方法

1. 皮接法　2. 劈接法　3. 切接法　4. 皮下腹接法

少量细弱枝作为辅养枝,以制造养分供应接穗和树体生长,缓和地上部与根系的矛盾。

(2)加强肥水管理 高接后及时灌水,促进高接枝、芽的成活和生长。以后根据土壤情况,还应灌水 1～2 次。高接前后要施足肥料,接活后每次抽梢前要施速效肥。冬季有低温出现的地区,应加强防冻措施,对高接树的枝干进行保护。

(3)不要在老树上高接 老树普遍潜带多种病毒,高接后树势弱,严重时会发生高接衰退病。同时,30 多年生的老树已进入衰老期,高接换种费工费时,接穗用量大,经济寿命短,效益不高。

(4)不要在高接树上再高接 高接树再次高接后,往往病毒病发生加重,甚至引起树体死亡。而且母树经过两次抹头和两次砧穗组合,生长势减弱,新梢生长量减少,产量恢复延缓。

第三章　园址选择与建园

苹果树栽培周期长(目前一般在 15 年左右),一旦栽植,长期经营,多年受益。园址选择恰当与否和建园质量的高低,均对早果、丰产、优质和效益,产生直接的影响。因此,必须高度重视园址选择和建园工作,充分考虑土壤、地形、气候和品种等因素,并注意规划和整地,避免重茬,合理间作。

一、认识误区和存在问题

(一) 盲目建园

在建立苹果园之前,不从气候条件、地形和地势、土壤条件、灌溉条件与交通条件等方面,对所选园地栽植苹果的适宜性进行详细调查,而在不适宜地块建园,往往导致建园后出现冻害、雹灾,缺乏灌溉条件,田间管理难度大,生产物资和所产苹果进出果园困难,经营成本高,以及苹果长势弱、品质差、产量低等突出问题。比如,冰雹是渭北苹果区的主要灾害性天气之一,建园时如果不避开冰雹带,则建园后苹果树就可能遭受雹灾的危害。

(二) 整地不到位

我国人均耕地少,好地大多用于农作物生产。果树多栽植在不适于农作物的山地和丘陵地区,土层浅,土质薄,干旱或无灌溉条件,水土流失严重,地形复杂。为此,建园前应平整土地、修筑水土保持工程。一些果农对整地不够重视,建园前不整地或整地不到位,致使建园后田间耕作不便,苹果树势弱,产量低,品质差,水土流失严重,在大雨或暴雨频繁的地区,甚至出现果园垮塌现象。

(三) 园地规划设计不规范

有些果农在建园前不进行规范、系统的规划和设计,给日后的苹果生产与管理造成一系列不利影响。主要表现在以下几个方面:①不划分小区,缺乏道路系统、排灌系统、防护林和必要的建筑物,给果园管理带来诸多不便。②栽植密度过大,建园后没有几年果园就郁闭严重,带来光照恶化、通风不良、病虫滋生、低产劣质和难以管理等问题。③只重视主栽品种,忽略授粉树配置的重要性,不栽授粉树或授粉树偏少,对建园后苹果树的充分授粉以及苹果产量和质量,带来严重不利影响。例如,富士苹果在市场上具有明显的优势,许多果农在建立苹果园时,就只栽富士苹果树而不栽授粉树,或者是所配植的授粉树甚少。

(四) 重茬现象比较普遍

随着苹果优新品种的不断涌现,栽培品种结构的进一步优化,以及栽培周期的大幅度缩短,老果园的更新速度明显加快。由于我国苹果生产以一家一户分散经营为主,重茬栽植相当普遍,重茬问题日显突出。在老果园更新和新果园建设中,如果忽视了对重茬病的防控,新植苹果树就会出现成活率低、挂果少、果品质量差和树势衰老早等现象。这不但给果农带来巨大的经济损失,而且也会严重地影响果农发展苹果生产的积极性。因此,必须高度重视重茬病的防控。

（五）间作不合理

许多果农在苹果园进行间作时,不给苹果树留出树盘,结果导致树体生长很慢,延迟了结果年限。有些果农,不注意间作物种类的选择,栽植高秆作物、与苹果树有共同病虫害的作物以及与苹果树争光、争水、争肥的作物等现象比较普遍。由于幼龄果园没有收益,有的果农把注意力放在间作物上,而对苹果树放弃管理。有的果农在成龄果园仍进行间作,这既影响了苹果树生长和果园通风透光,也不利于果园的管理。

二、提高建园效益的方法

（一）所选园址要与苹果特性相适应

所选的苹果园园址,不仅在土壤、地形和气候条件等方面,必须适应苹果树的生长发育,而且要交通方便。

1. 土壤条件

苹果园要求地下水位低,在 1 米以下;土层深厚,一般在 50 厘米以上,最好达到 80～100 厘米;土壤肥沃,有机质含量在 1％以上;土质疏松,通气性好;土壤 pH 值在 6.0～7.5 之间;土壤总盐含量在 0.3％以下。

2. 气候条件

苹果适宜冷凉干燥气候,以夏季(6～8 月份)月平均气温在 17.5℃～22℃、年平均气温在 9℃～12.5℃最为适宜。我国黄河流域及其以北、辽宁中部以南的广大地区,均可栽植苹果。对于绝大多数苹果品种,其经济栽培的适宜气候条件为,1 月份平均气温≥－10℃,年平均气温为 8℃～14℃,绝对低温≥－25℃,年降水量为300~800毫米。

3. 地势和地形条件

苹果比较适宜在山地和坡地栽培。一般选择南坡至西南坡建园。但坡度角不能超过25°,若超过10°时,则应先修梯田。谷底或洼地易积聚冷气,引起霜害,故不宜栽植苹果树。

4. 交通条件

果园周围良好的交通条件,既有利于肥料、农药等农资和投入品的运入,也有利于苹果采收后及时运往市场销售或运往贮藏库贮存。因此,选择苹果园址,一定要交通方便。

(二) 整地方式要适合当地特点

1. 等高撩壕

对于坡度在5°~10°的坡地,地形比较一致、土层较深的地块,可修筑等高撩壕。基本做法是,"找好水平,随弯就势,平高垫低,通壕顺水"。修撩壕时,先在坡地上按等高线开浅沟,在沟的外沿用土筑壕,将苹果树栽在壕的外坡。由于壕土较厚,沟里水分条件较好,苹果树生长发育较好。修壕前,一般先在全园有代表性的、坡度适中的地段,顺坡确定一条基线。然后,按行距大小,在基线上定栽植基点。再以基点测出等高线,在等高线上按株距测出并确定各定植点。根据地形和坡度情况,可适当增减栽植行数。在挖沟修壕时,要使沟有一定的比降,雨水多时,可将其排出果园。由于等高撩壕将原来坡地的长坡,截成许多段短坡;将大片集水面,分割成许多小块集水面;将坡度较大的地面顺坡径流,改为比降较小的等高沟的横流。所以,水土保持效果好。

2. 水平梯田

对于坡度在10°以上的坡地,地形一致的地区,可修筑水平梯田(图 3-1)。梯田由梯壁、梯面、边埂和背沟组成。梯壁可为土壁或石壁。梯面宽度及梯壁高度,与坡度及土质有关。

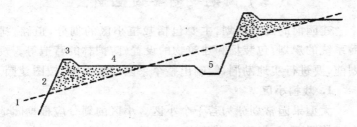

图 3-1　梯田示意图
1. 原坡面　2. 梯壁(上部为垒壁,下部为切壁)
3. 边沿小埂　4. 阶面　5. 蓄水沟

梯面宽度与行距的倍数相等时,至少要栽两行以上苹果树。在西北黄土高原果区,梯壁高度一般在 2 米左右,梯面以 8～30 米宽为宜。在梯面外沿筑有边埂,内沿挖有背沟,背沟要有一定的比降,修成竹节式。这样既可积存梯面上的径流,又能溢排雨水。梯面一般稍向内倾斜,做到"外噘咀,里流水"。田埂和梯壁都要有一定的坡度,以防滑坡,一般石砌的坡比为1:0.1～0.2,土砌的坡比为 1:0.3～0.6。

3. 鱼鳞坑

对于坡度角在 10° 以上,地形复杂、土层薄的坡地,不便修筑梯田,以修筑等高鱼鳞坑为宜。鱼鳞坑是以株距为间隔,沿等高线测定栽植点,并以此为中心,由上坡取土垫于下坡,修成外高内低的半圆形土台,台面外缘用石块或土块堆砌。修鱼鳞坑时,先在上坡修一道拦山堰。然后,划出一条等高线作基线,在基线上按株距打桩,再按行距基点顺坡向下划线,上下二线上的定植点,宜相互插空定点,以减缓顺坡直下的径流。在较长的陡坡上修筑鱼鳞坑,每 80～100 米的坡距,必须修筑一道拦山堰(沿等高线最好),以拦截山洪,保护果园。

(三) 园地规划要因地制宜

建园前的园地规划,主要包括栽植小区的划分,道路、排灌系统的规划,包装场和建筑物的设置,防护林的营造等。规划前,要进行实地勘测,绘制出整个果园的平面图,按图建园。

1. 栽植小区

大型果园常划分为若干个小区。小区的划分应根据园地实际情况而定,做到园、林、路、渠兼顾。小区的大小,因地形、地势、土壤和气候等自然条件而定。山地果园自然条件差异大,灌溉和运输不方便,小区面积可小些,一般为1～4公顷。平地果园地形、地势和土壤变化小,机械化作业条件好,小区面积可大一些,一般为4～8公顷。平地果园以长方形小区为好,管理比较方便。较小的果园,小区的长、宽比以2:1为好;大果园,小区的长、宽比通常为5:1。为减轻风害,小区的长边应尽量与主风向垂直,即小区和防护林走向一致。山地、丘陵果园,小区形状因地形而异,宜按等高线横向划分,长边尽量在同一等高线上,以利于田间管理和水土保持。

2. 道路系统

合理布置果园道路系统,有利于机械化作业和田间管理,能提高劳动效率和减轻劳动强度。果园道路系统一般由主路、支路和小路组成。主路宽6～8米,要求位置适中,贯穿全园。山地果园的主路可呈"之"字形或螺旋形绕山而上,上升的坡度角不要超过7°。在坡度角小于10°的地块上,主路可直上直下,路面中央稍高,以减少积水。一般主路定在顺坡的分水线上,弯路处路面外高内低,内修排水沟,弯道半径不小于10米(机动车道)或5米(马车道)。支路宽4～6米,是小区的分界线,与主路垂直相通。小路又称作业道,是田间作业用道,路面宽 2 米左右。梯田果园可用边埂作为人行小路或作业道。平地果园的道路要与排灌渠和林带相结合。

3. 排灌系统

排灌系统,是苹果园正常管理和防止旱涝灾害的基本保证设施。灌溉系统包括干渠、支渠和水池等,其规划可与苹果园道路建设相结合。干渠和支渠应设在高处。山地果园干渠要沿等高线,在上坡修筑。滩地、平地果园可将干渠设在干路的一侧。渠底比降:干渠在 1/1 000 左右,支渠在 3/1 000 左右。水源是果园灌水系统的重要组成部分。山地果园可修小水库蓄水;无条件修水库的,可在园地上方,根据地形与降水情况修筑小蓄水池。平地、丘陵地果园,可引河、湖、水塘的水或地下水作为水源。若以地下水为水源,果园每 5 公顷左右要配一眼井。为节约灌溉用水,防治中途渗漏和冲刷,可修防渗渠或用管道输水。在灌溉方式上,除渠灌外,近年来喷灌、滴灌和渗灌等发展较快。这些灌溉方式具有节约灌溉用水、不受地形限制、节省土地与劳力、不破坏土壤结构、能调节小气候等优点。但是,都需要一定的设备,一次性投资较多。

地下水位高、雨季可能发生涝灾的低洼地,地表径流大、易发生冲刷的山坡地,以及低洼盐碱地,均须规划排水渠。排水渠由排水干沟(贯穿全园)、排水支沟(连接小区)和排水沟(分布于小区内)所组成,各级排水沟要相互连通。排水沟一般深 50～100 厘米,上宽 80～150 厘米,底宽 30～50 厘米。排水干沟一般深 80～100 厘米,宽 2～3 米。排水支沟的深度和宽度介于排水干沟和排水沟之间,低洼盐碱地果园一般用排水沟划分为条台田,田面宽度 20～30 米。山地果园排水沟宜修在梯田内侧,与顺坡向的自然沟相通。土壤透气性良好的果园,排水渠道可与灌溉渠道相结合。盐碱地、黏土地应单设排水渠道,且深而宽,有利于排水洗盐(碱)。平地果园的排水系统和灌水系统两者合二为一,涝时用以排水,旱时用以灌溉。涝洼地果园,每一个行间都要挖宽而深的排水沟。

4. 防护林

苹果园应营造防护林,以保护果树免受风害袭击,有效减少土壤水分蒸发,防止雨水冲刷、地面径流和果园塌方,为蜜蜂活动提供良好场所,有效提高坐果率;提高春季气温,降低夏季气温,减轻冬季抽条和冻害。防风林可降低风速,减少风害。其防护范围,背风面约为防护林高度的 20~25 倍;迎风面为防护林高度的 5 倍。防护林的树种,应适合当地生长、与苹果树没有共同的病虫害,生长迅速,防风效果好,具有一定的经济价值。乔木有杨树、水杉、梧桐、银杏、泡桐、沙枣和白蜡等。灌木可选用紫穗槐、酸枣、灌木柳、花椒和玫瑰等。防护林有防风固沙林和水土保持林两种类型。

(1)防风固沙林 在果园四周营造乔木林。在迎风面设主林带,主林带由 4~8 行树组成。在小区间的路旁栽 1~2 行树,与主林带平行或垂直,为副林带。

(2)水土保持林 在坡地果园的上部和四周分别栽树。果园上部宜采用三角形、多行方式栽植,乔、灌木分行间植。一般主林带间距 200~400 米,副林带间距 300~800 米。要求果树距南面林带 20~30 米,距北面林带 10~15 米。林带内乔木行距 2~2.5 米,株距 1~1.5 米;灌木行距 1~2 米,株距 1 米。在林带与道路交叉处,留 10~20 米的出口,以便通行和观察车辆出入。

5. 建筑物

大型苹果园应有办公室、贮藏库、农机具房、包装场、晒场、药池、配药场和畜牧场等。在平地果园,包装场和配药场应设在交通方便处和小区的中心。在山地果园,畜牧场应设在高处,以便运肥。包装场和贮藏库等可设在低处。药池和配药场应离水源较近,而且要保证安全。

6. 授粉树

苹果树为异花授粉树种。在自然条件下,大多数品种自花不实;个别品种虽能结实,但坐果率很低。为确保新建果园高产、稳产,建园时应合理配置授粉树。所选授粉品种要求花粉量大,生命力强,可与主栽品种相互授粉;结果年龄、花期、树冠大小和树体寿命等应与主栽品种相近;果实成熟期与主栽品种一致,品质好,商品价值高。主栽树与授粉树的配置比例一般为 4～5：1;授粉树缺乏时,至少要保证 8～10：1。授粉树与主栽树的距离以 10～20 米为宜,花粉量少的应更近一些。授粉树在果园中配制的方式很多。在小型果园,授粉树常用中心式栽植,即 1 株授粉树周围栽 8 株主栽树。在大型果园,应沿小区长边方向,成行栽植授粉树,通常 3～4 行主栽树配置 1 行授粉树。也可采用等量式配置,两个品种互为授粉树,相间成行栽植。在有大风危害的地方,尤其是在高山区,授粉树和主栽树的间隔应小一些。对于乔纳金、陆奥和世界一等三倍体品种,自身花粉发芽率低,配置授粉树时,最好选配 2 个既能给三倍体品种授粉,又能相互授粉的授粉品种。一些主栽品种的常用授粉品种见表 3-1。

7. 栽植密度

合理的栽植密度,不仅有利于早实和丰产,还能保证果园良好的群体结构,便于田间管理。果园栽植密度应根据自然条件、品种特性、砧穗组合、整形修剪方法、机械化管理水平、栽植面积和资金投入能力等,综合加以确定。各类砧穗组合的常用栽植密度见表3-2。

表3-1 部分主栽品种的常用授粉品种

主栽品种		授 粉 品 种
富士系	普通型	元帅系、金冠、金矮生、世界一、津轻、千秋、王林等
	短枝型	首红、金矮生、新红星、烟青等
元帅系	普通型	富士、金冠、嘎拉、红玉、青香蕉等
	短枝型	金矮生、短枝富士、烟青、绿光等
嘎拉系		津轻、富士、澳洲青苹、印度等
金 冠		红星、青香蕉、祝光等
金矮生		烟青、新红星、王林、短枝富士等
乔纳金系		元帅系、王林、嘎拉、国光、富士、千秋等
王 林		富士、金矮生、澳洲青苹、嘎拉等
津 轻		元帅系、金冠、嘎拉、红玉、世界一等

表3-2 苹果栽植密度

砧穗组合	山地、丘陵			平 地		
	株距（米）	行距（米）	密度（株/667米²）	株距（米）	行距（米）	密度（株/667米²）
普通型品种/乔化砧	3～4	4～5	33～55	3～4	5～6	28～44
短枝型品种/乔化砧 普通型品种/矮化中间砧	2	3～4	83～111	2～3	4	55～83
短枝型品种/矮化中间砧 短枝型品种/矮化砧	1.5	3～4	111～148	2	3～4	83～111

摘自中华人民共和国农业行业标准《苹果生产技术规程》(NY/T 441—2001)

（四）要避免连作重茬

1. 重茬的危害

老龄树和病死树刨除后,近期内又在同一位置上栽植同一种果树,叫做果树重茬。果树重茬栽植往往表现出苗木成活率低,幼树生长衰弱,病害严重,树体寿命短等现象,严重影响果树的产量和质量,给果树生产带来巨大的危害和经济损失。这就是所谓的果树再植病。苹果、桃、梨、杏、李、樱桃和葡萄,均能发生再植病,其中,苹果和桃表现最为严重。

2. 果树再植病发生的原因

(1)土壤营养元素的缺乏或累积 土壤中各种营养元素的含量是有限的,而同一种果树对营养元素的需要是相同的。由于果树在长期的生长过程中,消耗掉了土壤中大量的营养元素,如果重茬,就会使本已缺乏的元素更加不足,从而导致新栽幼树生长衰弱。

对于长期大量施用硝态氮肥和钾肥的果园,土壤中氮和钾过量。由于硝酸铵的大量存在,土壤酸度提高,交换出高浓度的铝和镁,对根系发生毒害作用;过高的钾则可降低叶片中镁的含量,造成缺镁。

(2)病原菌的残存与积累 果树在同一地点长期生长,某些以果树为寄主的病原菌得以繁衍,并积累和残存于土壤中或土壤中的植物残体(枝、根、果)上。随着果树生长年限的增长,病原菌数量相应增多,甚至达到毁坏衰老大树的程度。重茬时,幼树由于抵抗力低,易于感病,致使生长衰弱,甚至定植后不久即死亡。

(3)有毒物质的积存 有些果树能在土壤中积累一些有毒物质,这些物质可使新栽幼树的生长发育受到显著抑制。

例如,苹果根系产生的根皮素和根皮苷,对苹果苗的生长有强烈的抑制作用。土壤微生物产生的乙烯和曲霉素等,对苹果苗也有毒害作用。

3. 果树再植病的防止

为防止重茬对苹果幼树的危害,应尽量避免在原栽植穴或栽植行上栽植苹果树。清除老树后休耕或种植其他作物3～5年,然后再栽新树,可减轻土壤中有害物质的危害,改善幼树生长状况。其间,最好每年耕翻两次。如果重茬不可避免,则应在刨除老树和死树时,彻底清除根系和病残组织,从园外换进新土或进行土壤消毒。栽植前,在树坑内加入足量的有机肥和草木灰,以补充土壤营养元素的不足,促进根系生长和树势健壮,提高对病菌和不良环境的抵抗力,减轻重茬对幼树的影响。前茬为桃树的果园,不宜再栽植核果类果树,如桃、杏、李和樱桃,可栽植梨树。前茬为苹果的果园,可栽植樱桃。

(五)要合理间作

幼龄苹果园树体小,行间大,树上收入较少,合理间作可充分利用土地和光能,增加收入,以短养长,减少投资。而且间作物覆盖地面后,还能保持水土,防止杂草丛生,改善小气候,以地养地。果园间作应做到:

1. 留出足够的树盘

初定植的幼树,至少要留出1米方圆的树盘,树盘以外的地方可种植间作物。密植园株距小,可做1米宽的树畦,在畦外种植间作物。随着树体的长大,间种面积逐渐缩小。在行距3～4米的条件下,至多能间种3年,待树冠覆盖率达70%以上时,即停止间作。

2. 选择适宜的作物

好的间作物应生长期短,吸收肥水较少。大量需肥水时期与苹果树的大量需肥水时期相错开。病害比较少,与苹果树没有共同的病虫害。植株低矮,有利于果园通风透光。能提高土壤肥力,改良土壤结构。苹果园中不宜种植棉花、玉米、小麦和高粱等高秆作物。最好选用豆类及春播中耕作物。苹果树定植的头 1～2 年,可种植瓜类、葱蒜类、豆类、花生和马铃薯等矮秆、生长期短、基本不与苹果树争夺肥水的作物。3 年之后,最好间作豇豆、小豆、绿豆或花生。秋季忌种需水多的蔬菜。

苹果园常用间作物主要有以下五类:

(1) 豆类作物 豆类植物根上有根瘤菌,能固氮和改良土壤,是苹果园的优质间作物。种植较多的有黑豆、黄豆和大豆等。近年来,又引进了白芸豆和双绿豆等,亦可作苹果园的间作物。

(2) 薯类作物 马铃薯前期生长弱小,与果树矛盾不大,又是需要进行中耕的农作物,有利于果园保墒,是果园良好的间作物。

(3) 药用植物 可选择植株矮小、根浅、需肥水少的种类间作,尤以豆类药用作物为宜。目前,间作较多的有地黄、丹参、党参、白菊和甘草等。

(4) 油料作物 花生为豆科植物,又是春播的中耕作物,在果园间作效果良好。

(5) 绿肥作物 果园间作绿肥,是以地养地、改良土壤、增加肥源的重要措施。主要绿肥种类有毛叶苕子、豌豆、草木樨、沙打旺、田菁、绿豆和榉麻等。主要绿肥种类及其栽培要点见表 3-3。

表 3-3 主要绿肥品种及其栽培要点

	种类	特性	适宜pH值	耐盐度(%)	播种期(月/旬)	播种量(千克/667米²)	收割期(月/旬)	产量(千克/667米²)	适宜地区
夏季绿肥	田菁、柽麻	耐盐、旱、瘠	7~8	<0.2	4/下~5/上	1.5~2	株高1.5米,刈割留茬30厘米左右	2000~3000	北方
	印度豇豆	耐酸碱,适应性强	5~8.5	<0.25	4/上中	1.5~2	7/下~9月	2000~2500	淮河流域以南
	九月白豇豆	耐酸碱,适应性强	5~8	<0.25	4/上中~5/上	1.5~2	7/上~9月	1500~2250	江南
	饭豆	甚耐瘠	—	—	4/中	2.5~3.5	7/下~8/中	1500	长江流域
	大叶猪屎豆	耐酸、瘠、旱甚强	5~7.5	—	4/上	1~1.5	8月	1000~1500	长江流域
冬季绿肥	紫云英	耐湿性强	5.2~7.5	不耐盐	9/中下	1.25	4/上中	1000~1500	长江流域
	花草木樨	耐旱,耐寒	6.5~7.5	<0.2	春播为主	1~1.5	4~6月	1500~2000	北方
	苕子	不耐瘠薄	5~8.5	<0.15	8~9月	2.5~3	蕾期至初花期	1000~2000	华北

引自《苹果高效栽培技术问答》(齐秋农,1997)

（六）要选择合格的生产环境 和农业投入品

污染苹果的有害物,主要来自环境(包括空气、土壤、灌溉水)和农业投入品(包括肥料和农药)。苹果生产必须有合格的生产环境和农业投入品;否则,就无法确保苹果中有害元素含量达到国家标准的要求(表3-4)。实践证明,只有具有优良的生态环境,才能生产出优质安全的苹果。

表 3-4 苹果有害元素限量

项　目		限量(MLs)	项　目		限量(MLs)
铅(Pb)	≤	0.1 mg/kg	硒(Se)	≤	0.05 mg/kg
镉(Cd)	≤	0.05 mg/kg	氟(F)	≤	0.5 mg/kg
总汞(Hg)	≤	0.01 mg/kg	稀土	≤	0.7 mg/kg
无机砷(As)	≤	0.05 mg/kg	锌(Zn)	≤	5 mg/kg
铬(Cr)	≤	0.5 mg/kg	铜(Cu)	≤	10 mg/kg

1. 选择合格的生产环境

果园的环境条件,是生产安全优质苹果的重要前提。根据国家《农田灌溉水质标准》(GB 5084—1992)、《土壤环境质量标准》(GB 15618—1995)和《环境空气质量标准》(GB 3095—1996),苹果园的灌溉水、空气和土壤环境质量,应分别达到表3-5、表3-6和表3-7的要求。

空气污染,主要来源于工矿企业机械设备和交通干线上的运输车辆的废气排放。空气中污染物含量过高,会妨碍果树的正常生长发育,诱发急性或慢性伤害。工业"三废",尤其是工业废水,已成为水体重金属元素的共同污染来源,是造成果园灌溉水污染的主要原因。工业"三废"的排放、污水灌溉以及农药、化肥和垃圾杂肥的不合理使用,则是造成苹果园土壤污染的主要原因。有鉴于此,为了提高苹果的食品安全性和内在质量,选择苹果园园址时,应远离工矿企业和交通干线。

表 3-5　苹果园灌溉水质要求

项　目		指标值	项　目		指标值
生化需氧量(BOD₅)	≤	150 mg/L	总　铅	≤	0.1 mg/L
化学需氧量(CODcr)	≤	300 mg/L	总　铜	≤	1.0 mg/L
悬浮物	≤	200 mg/L	总　锌	≤	2.0 mg/L
阴离子表面活性剂(LAS)	≤	8.0 mg/L	总　硒	≤	0.02 mg/L
凯氏氮	≤	30 mg/L	氟化物	≤	2.0 mg/L (高氟区) 3.0 mg/L (低氟区)
总磷(以 P 计)	≤	10mg/L			
水　温	≤	35 ℃	氰化物	≤	0.5 mg/L
pH 值	≤	5.5~8.5	石油类	≤	10 mg/L
全盐量	≤	①	挥发酚	≤	1.0 mg/L
氯化物	≤	250 mg/L	苯	≤	2.5 mg/L
硫化物	≤	1.0 mg/L	三氯乙醛	≤	0.5 mg/L
总　汞	≤	0.001 mg/L	丙烯醛	≤	0.5 mg/L
总　镉	≤	0.005 mg/L	硼	≤	②
总　砷	≤	0.1 mg/L	粪大肠菌群数	≤	10000 个/L
铬(六价)	≤	0.1 mg/L	蛔虫卵数	≤	2 个/L

注：①非盐碱土地区为 1000 mg/L,盐碱土地区为 2000 mg/L。②对硼敏感作物为 1.0 mg/L,对硼耐受性较强的作物为 2.0 mg/L,对硼耐受性强的作物为 3.0 mg/L

表 3-6 苹果园空气环境质量要求

污染物名称		年平均	季平均	月平均	日平均	1 小时平均	生长季节平均
二氧化硫	≤	0.06 mg/m³			0.15 mg/m³	0.50 mg/m³	
总悬浮颗粒物	≤	0.20 mg/m³			0.30 mg/m³		
可吸入颗粒物	≤	0.10 mg/m³			0.15 mg/m³		
氮氧化物	≤	0.05 mg/m³			0.10 mg/m³	0.15 mg/m³	
二氧化氮	≤	0.04 mg/m³			0.08 mg/m³	0.12 mg/m³	
一氧化碳	≤				4.00 mg/m³	10.00 mg/m³	
臭氧	≤					0.16 mg/m³	
铅	≤	1.00 μg/m³	1.50 μg/m³				
苯并[a]芘	≤				0.01 μg/m³		
氟化物	≤			3.0 μg/(dm² · d)			2.0 μg/(dm² · d)

注：各省指标均为标准状态下的值

表 3-7　苹果园土壤环境质量要求

项　目		pH<6.5	pH 6.5~7.5	pH>7.5
镉	≤	0.30 mg/kg	0.30 mg/kg	0.60 mg/kg
汞	≤	0.30 mg/kg	0.50 mg/kg	1.0 mg/kg
砷	≤	40 mg/kg	30 mg/kg	25 mg/kg
铜	≤	150 mg/kg	200 mg/kg	200 mg/kg
铅	≤	250 mg/kg	300 mg/kg	350 mg/kg
铬	≤	150 mg/kg	200 mg/kg	250 mg/kg
锌	≤	200 mg/kg	250 mg/kg	300 mg/kg
镍	≤	40 mg/kg	50 mg/kg	60 mg/kg
六六六	≤		0.50 mg/kg	
滴滴涕	≤		0.50 mg/kg	

注：重金属（铬主要是三价）和砷均按元素量计,适用于阳离子交换量>5cmol（+）/kg 的土壤,若≤5cmol（+）/kg,其标准值为表内数值的一半。六六六为四种异构体总量,滴滴涕为四种衍生物总量

2. 选择合格的肥料

磷肥中含有镉、氟、砷、稀土元素及三氯乙醛,过量施用不仅会污染土壤,还会妨碍作物对锌、铁的吸收。杂肥大多含有多种有害物质,不合理使用也会对土壤、农作物、地面水和地下水造成污染,导致有害物质尤其是重金属在土壤中累积。对于农用粉煤灰,如果 pH 值和全盐量过高,会严重影响到果园土壤的理化特性。

因此,在苹果生产中,不能过量施用磷肥;不要轻易使用农用城镇垃圾、农用污泥和农用粉煤灰等杂肥。除非污染物含量符合国家标准的有关规定（表 3-8、表 3-9、表 3-10）,而且使用方法及使用量也符合这些标准的规定,才可以适量地施用。

表 3-8　农用城镇垃圾污染物限量

项　目	标准限量	项　目	标准限量
杂　物（%）	≤3	总砷（以 As 计）（mg/kg）	≤30
粒　度（mm）	≤12	有机质（以 C 计）（%）	≥10
蛔虫卵死亡率（%）	95～100	总氮（以 N 计）（%）	≥0.5
大肠菌值	$10^{-1}\sim10^{-2}$	总磷（以 P_2O_5 计）（%）	≥0.3
总镉（以 Cd 计）（mg/kg）	≤3	总钾（以 K_2O 计）（%）	≥1.0
总汞（以 Hg 计）（mg/kg）	≤5	pH 值	6.5～8.5
总铅（以 Pb 计）（mg/kg）	≤100	水分（%）	25～35
总铬（以 Cr 计）（mg/kg）	≤300		

注：①除"粒度"、"蛔虫卵死亡率"和"肠菌值"外，其余各项均以干基计算。
②杂物指塑料、玻璃、金属和橡胶等

表 3-9　农用污泥污染物限量

项　目	最高允许含量（mg/kg 干污泥）	
	在酸性土壤上（pH 值<6.5）	在中性和碱性土壤上（pH 值≥6.5）
镉及其化合物（以 Cd 计）	5	20
汞及其化合物（以 Hg 计）	5	15
铅及其化合物（以 Pb 计）	300	1000
铬及其化合物（以 Cr 计）①	600	1000
砷及其化合物（以 As 计）	75	75
硼及其化合物（以水溶性 B 计）	150	150
矿物油	3000	3000
苯并(a)芘	3	3
铜及其化合物（以 Cu 计）②	250	500
锌及其化合物（以 Zn 计）②	500	1000
镍及其化合物（以 Ni 计）②	100	200

注：① 铬的控制标准适用于一般含六价铬极少的具有农用价值的各种污泥。②暂作参考标准

表 3-10　农用粉煤灰污染物限量

项　　目		最高允许含量（mg/kg 干粉煤灰）	
		在酸性土壤上（pH 值<6.5）	在中性和碱性土壤上（pH 值≥6.5）
总镉（以 Cd 计）		5	10
总砷（以 As 计）		75	75
总钼（以 Mo 计）		10	10
总硒（以 Se 计）		15	15
总　硼（以水溶性 B 计）	敏感作物	5	5
	抗性较强作物	25	25
	抗性强作物	50	50
总镍（以 Ni 计）		200	300
总铬（以 Cr 计）		250	500
总铜（以 Cu 计）		250	500
总铅（以 Pb 计）		250	500
全盐量与氯化物		非盐碱土 3000（其中氯化物 1000）	盐碱土 2000（其中氯化物 600）
pH 值		10.0	8.7

第四章　土肥水管理

一、土壤管理

苹果树的生长发育,与土壤的结构、含水量、酸碱度和温度等有着密切的关系。土壤结构疏松,肥沃,中性或微酸(pH值 6.0~7.5),含水量适中,不含氯化钠和碳酸钠等有害物质,通气透水性良好,则苹果根系发达,树体健壮。相反,如果土壤状况不良,则苹果根系生长受阻,营养元素吸收不畅,导致地上部生长不良,表现叶小、果小、叶黄和枝条坏死等缺素症,甚至死树。

(一)认识误区和存在问题

1. 不进行地形改造

当前,我国苹果发展基本上还是坚持"上山下滩,不与粮棉争地"的原则,园址大多选在山区、丘陵和滩涂上,往往坡度大、土质较差、立地条件欠佳。许多果园在建园时不对地形进行改造,给后来的田间管理带来诸多不便,常常导致水土流失严重,苹果产量低,品质差。

2. 不重视土壤改良

良好的土壤条件,可为苹果优质、丰产打下坚实基础。我国许多果园的土壤为黏性土、砂性土和盐碱地等,不具备进行苹果生产的最适土壤条件,存在土壤结构差、有机质含量低、酸碱度不适宜和保肥保水能力弱等缺点,不利于根系呼吸和吸收,导致苹果树生长势弱、产量低和品质差,必须经过改良,方可进行正常的苹果生产。而进行土壤改良,往往需要大量的人力、物力和资金投入,因而一些果农无力或不愿进行。有的果农则对土壤改良的重要性认识不够,虽然有钱,也不愿将其投入土壤的改良当中。

3. 嫌果园覆盖麻烦

果园覆盖,包括地膜覆盖、有机物覆盖和生草等,具有减少蒸发和径流、改善土壤结构和提高土壤肥力等作用,我国近年来大力加以推广。在一些发达国家,果园覆草和生草,早已得到普及。但我国仍有相当多的果园沿用清耕制,通过锄草或喷除草剂,保持果园土壤无杂草,导致土壤裸露,水土流失加剧,保水保肥能力差。究其原因,主要是图省钱省事。当然,对于山地果园和缺水的果园,采用生草制也存在难度。

(二)提高土壤管理效益的方法

1. 进行土壤改良

苹果栽培以砂壤土为好,要求土壤团粒结构良好,土层深厚,水、肥、气、热状况协调。对于黏性土、砂性土和盐碱地等,由于理化性状差,必须进行改良,方可种植苹果。

(1)深翻改土 深翻土壤,可改善土壤理化性状,如通透性和保水性等,促进土壤团粒结构的形成,增加土壤孔隙度,降低容重。结合深翻施入有机肥,效果更好,可显著提高土壤肥力和熟化度,促进根量增加。深翻改土以秋季为宜,一般结合秋施基肥进行,有放树盘、隔行深翻和全园深翻三种方法。放树盘一般在栽植后 1～5 年中进行,根据根系扩展情况,采用环状沟或半环状沟方式,沟宽 80 厘米左右,深 60～100 厘米,从定植穴向外,逐年扩穴深翻。所谓隔行深翻,就是间隔一行翻一行,逐年轮换,深翻位置以距主干1米至树冠投影外缘为宜,沟深80~100厘米(近树干处浅,远树干处深),宽1米左右。全园深翻应在幼树期完成,将定植穴以外的土壤一次性深翻完毕。深翻施肥后立即灌透水,有助于有机肥料的分解和苹果根系的吸收。

(2)黏性土壤的改良 黏性土壤空气含量少。在掺沙的同时,混入纤维含量高的作物秸秆和稻壳等有机肥,可有效改善土壤通透性。

(3)砂性土壤的改良 砂性土壤孔隙过多、过大,保水性和保肥性差,有机质含量低,土表温度变化剧烈。若砂层较浅,可通过深翻,将下面的土壤与上面的砂土混合。若砂层较深,常采用"填淤"(掺入塘泥、河泥)结合施用富含纤维的有机肥的方法,予以改良。还可采用土壤结构改良剂,提高保水性,促进土壤团粒结构的形成。

(4)盐碱地的改良 盐碱地的主要问题是,含盐量高,营养物质有效性降低,苹果根系很难从中吸收水分和营养物质,引起"生理干旱"和营养缺乏症。建园前,应建好排灌设施,适时排灌,洗盐压碱。其方法是,顺果树行向,每隔20~40米宽挖一条排水沟,沟深1米,上宽1.5米,底宽0.5~1米,用沟土修成高台田,使排水沟与排水支沟相连,以便使盐碱顺利排出果园。要多施有机肥,种植绿肥作物,如苜蓿、草木樨、百脉根、田菁、扁蓿豆、偃麦草、黑麦草、燕麦和绿豆等,改善土壤结构,提高土壤中营养物质的有效性。可施用土壤改良剂,提高土壤的团粒结构和保水性能。还可进行中耕和地表覆盖,减少地面的过度蒸发,防止盐碱上升。

(5)黏重土壤的改良 黏重土壤透气性差,容易板结和裂缝,排水不良,有机质含量少,导致苹果树新陈代谢降低,根系呼吸作用减弱,生长分布受阻。改良措施有:①掺沙,一般一份黏土掺两三份砂。②多施有机肥,例如每年埋压杂草、绿肥1 000～2 000千克/667平方米,种植和施用如肥田萝卜、紫云英、金光菊、豇豆、蚕豆、二月兰、大米草、毛叶苕子和油菜等绿肥作物,提高土壤肥力。③施用磷肥和石灰,施量为50～70千克/667平方米,调节土壤酸碱度。④合理耕作,免耕或少耕,实行生草制和覆草制。

(6)沙荒地的改良 在我国黄河故道和西北地区,有大面积的砂荒地,其土壤构成主要为砂粒,有机质极为缺乏,温、湿度变化大,无保水、保肥能力。在这里建立苹果园时,其改良措施有:①先平整土地,后建园。②营造防风固沙林。③引洪放淤,淘沙换土。④行间生草或种草。⑤逐年压土、培土和填淤。⑥种植绿肥作物,加强覆盖。⑦增施有机肥。⑧施用土壤改良剂。

(7)土壤酸碱度的调节 土壤酸碱度对苹果树的生长发育影响很大,土壤中必需营养元素的可给性、微生物的活动、根部的吸水吸肥能力和有害物质对根部的作用等,都与土壤酸碱度有关。苹果根系喜微酸性到微碱性土壤。土壤过酸时,易出现缺磷、钙、镁的现象。可通过施用磷肥和石灰,或种植和施用碱性绿肥作物,如肥田萝卜、紫云英、金光菊、豇豆、蚕豆、二月兰、大米草、毛叶苕子和油菜等,进行调节。土壤偏碱时,硼、铁、锰的可给性低。可通过施用硫酸亚铁或种植和施用酸性绿肥作物,如苜蓿、草木樨、百脉根、田菁、扁蓿豆、燕麦草、黑麦草、燕麦和绿豆等,来进行调节。

2. 实行果园覆盖

(1)果园生草 在雨水充足或有灌溉条件的苹果园,可种植禾本科、豆科草种或自然生草。果园生草可改善土壤理化性状,有效防止水、土、肥流失(坡地果园尤为明显);改善果园生态环境,有利于根系生长、越冬和增加果树害虫天敌;稳定地温;改善土壤结构,提高土壤肥力;节省劳力,便于田间作业;提高苹果产量和品质。果园生草,分全园生草、行间生草和株间生草三种方式。在土层深厚、土壤肥沃、根系分布深的苹果园,宜采用全园生草。否则,应采用后两种形式。

生草有人工种草和自然生草两种方法,应因地制宜地选择。草的种类,以早熟禾、三叶草、鸭茅草、羊胡子草、野燕麦、鹅冠草、黑麦草、紫羊茅、高羊茅、百脉根和扁茎黄芪等较好。果园生草要求水分充足,同时,应注意和处理好争夺养分、苹果根系上翻、影响通风透光,以及潜藏病虫害、田鼠和野兔等问题。在 8～11 年生红富士苹果园,进行的白三叶草生草试验表明,与清耕区相比,土壤 0～40 厘米厚土层,尤其是 20～40 厘米土层,有机质、全氮、碱解氮、速效磷和速效钾的含量,均有明显的提高(表 4-1),土壤日温差减小,树冠内光照强度增强,害虫发生率明显下降,苹果的产量和品质得到提高。

表 4-1 苹果园种植白三叶草后土壤主要养分的含量

(刘锦兰等,2004)

处 理	有机质 (%)		全 氮 (%)		碱解氮 (毫克/千克)		速效磷 (毫克/千克)		速效钾 (毫克/千克)	
	0～20	20～40	0～20	20～40	0～20	20～40	0～20	20～40	0～20	20～40
生草区	1.12	0.86	0.099	0.073	80	54	12.4	6.7	220.7	173.9
清耕区	1.05	0.84	0.082	0.062	64	42	10.8	5.5	204.0	166.0

注:0～20 和 20～40 为取土层,单位为厘米

（2）果园覆草　在山地、旱地和薄地苹果园，实行树盘或树带或全园覆草，能扩大根系分布范围；保持土壤水分，稳定土温，增加土壤营养，促进土壤团粒结构形成；防止杂草生长，节省除草用工；防止土壤泛碱和保持水土；提高苹果产量和质量，增加经济效益；减轻落果与碰伤。覆草所用材料，可采用作物秸秆、杂草、锯末和树叶等，以麦草、野草、豆叶、树叶和糠壳等为好。密闭和行间不耕作的果园宜全园覆草，幼龄果园宜树盘或树带覆草。覆草厚度以 15～20 厘米为宜。应距离树干 30 厘米左右，以防鼠害。实施树盘或树带覆草，每 667 平方米用鲜草 2 000～3 000 千克或干草 1 000～1 500 千克；全园覆草，每 667 平方米用鲜草 4 000 千克或干草 2 000～3 000 千克。覆草前，要精细整地，施足基肥。覆草后，要做好灌水、施肥和清园等管理工作，并采取措施克服覆草带来的不足。通常每隔 4～5 年要深翻 1 次，将烂草拌土翻入穴中。深翻时，要避免损伤粗根。

（3）地膜覆盖

① **地膜覆盖的作用**　地膜覆盖主要有树盘覆膜和树行覆膜两种方式。地膜覆盖具有提高幼树栽植成活率、节约田间用水和劳力、提高地温、保墒、改善土壤、提高有效养分含量、防草防虫及促进树体生长发育等作用。在结果期苹果树树冠下覆银色反光膜，还可有效促进果实着色。

春天幼树栽植后，灌透水，树盘覆盖地膜，可提高早春地温，促进发根，减少水分蒸发，从而显著提高栽植成活率。幼树栽植后或在早春灌 1 次透水，在树盘覆盖地膜，全年无需再中耕、灌水，每 667 平方米可节省用水 300～400 立方米，节省用工 4～6 个，节省生产成本 300 元左右。覆盖地膜后，春季地温上升快，有利于发根。根据陕西省旬邑县园艺站(1988年)试验,覆盖地膜可使4～6月份的平均地温,提高2.4℃～6.1℃(表4-2)。山地果园春天灌水后,在大树树盘上覆膜8平方米,可使土壤经常保持湿润,土壤含水量提高2～5个百分点。覆膜可降低土壤容重,增加土壤孔隙度。4～6月份,覆膜处土壤中的速效氮、速效钾和速效磷等,均有不同程度的增加。覆地膜后上面再盖一层细土,既可延长地膜使用寿命,又可抑制杂草生长,兼有防治桃小食心虫的作用。早春覆膜能显著提前物候期,促进幼树早成花、早结果。

表4-2　覆盖地膜对苹果园地温的影响

项目	10厘米处地温(℃)			25厘米处地温(℃)		
	8时	13时	19时	8时	13时	19时
覆　膜	17.6	27.5	28.8	19.5	20.3	22.6
对　照	14.9	22.6	22.7	17.1	17.8	19.1
差　值	2.7	4.9	6.1	2.4	2.5	3.5

引自《苹果优质生产入门到精通》(汪景彦,2001)

　　② 地膜覆盖的不足之处　地膜覆盖主要有以下五个方面的不足:一是覆盖地膜,尤其是银色反光膜,会增加成本。二是早春覆膜后,萌芽、开花提前,在易发生晚霜的地区,可能遭受晚霜危害。三是土壤养分分解、降低快,要增施有机肥和化肥,以满足果树需要。四是大量使用地膜容易造成"白色污染"。因此,地膜不用时,必须清理和回收干净。五是地膜容易老化。为此,可在地膜上覆一层5厘米厚的土,还可同时收到抑制杂草滋生,避免杂草顶破地膜,以及截留雨水,增加果园墒情的功效。

二、肥料施用

(一) 认识误区和存在问题

1. 化肥使用不合理

许多果农由于不了解自家果园的土壤营养状况,多凭经验和习惯盲目施肥,缺乏目的性和准确性,偏施氮肥现象比较突出。常常造成氮肥施用量过高,磷肥和钾肥施用量不足,氮、磷、钾比例失调,树体旺长,果实品质下降。有的果园除秋天施基肥外,生长季节不再施肥,在偏施氮肥的情况下,无法满足树体和果实正常生长发育的需要。还有的果农只重视氮、磷、钾等大量营养元素肥料的施用,而忽视了钙、镁、铁、硼、锌等中量与微量元素肥料的施用,致使缺硼症、小叶病、缺铁失绿等缺素症严重。有的果农在进行根外追肥时,施用浓度偏高,对苹果树造成伤害。因此,在土壤和叶分析基础上,根据果树需肥规律,适时进行配方施肥,是保证苹果高产优质、树体健壮的重要前提。

2. 不施基肥

我国苹果产区的立地条件相对较差,绝大多数果园的土壤有机质含量不足 1%,有的甚至不足 0.5%。秋施基肥,对于提高土壤有机质含量和苹果品质至关重要,但仍有相当数量的果农不给苹果园施基肥或基肥施用不到位。有的果农存在误解,对秋施基肥的作用和功效不甚了解,认为苹果已经采收,当年再施肥已经没有意义。有的果农在秋季不给自己的苹果园施用基肥,只在生长季节施用化肥,主要是由于经济条件较差。因为基肥以有机肥为主,施用量大,需要资金较多。

有的果农不对有机肥进行腐熟处理,直接将其施入苹果园土壤中,致使其在发酵过程中产生大量热量而烧根,也延缓了有机肥的分解和吸收。

(二) 提高施肥效益的方法

1. 苹果树的需肥特点

苹果树的生命周期可分为幼树期、结果初期、盛果期和衰老期四个阶段;年生长周期可分为养分贮备期、大量需氮期和养分稳定供应期三个营养阶段。每个阶段都有不同的需肥特点。在苹果树生命周期中,幼树期施足氮、磷肥,适当配施钾肥,目的是扩大树冠,打好骨架,扩展根系,为开花结果打好基础;结果初期重视磷肥的施用,配施氮、钾肥,目的是促进花芽分化;盛果期氮、磷、钾配合施用,提高钾肥比例,目的是使苹果树优质、丰产和稳产;衰老期以氮肥为主,适当配施磷、钾肥,目的是促进更新复壮,延长经济寿命。在苹果树年生长周期中,养分贮备期叶片中的营养回流贮藏至根系和枝干中,对来年早春生长发育特别重要;大量需氮期,即器官建造期,需要大量以氮为主的养分;养分稳定供应期,需要使氮持续稳定供应,同时增加磷和钾的供应。

2. 在土壤和叶分析基础上进行配方施肥

(1) 土壤和叶分析 根据土壤和叶片养分含量分析结果确定施肥量,是目前比较科学的施肥方法。叶分析在盛花后8~12周或结果树新梢顶芽形成后 2~4 周进行。进行叶分析时,采用对角线法,至少选 25 株树,在每株树上取树冠外围中部新梢的中位叶(带叶柄),要求在东、西、南、北四个方向各取 1~2 片叶。将叶片洗净,晾干表面水分,烘至干燥,磨碎,测定氮、磷、钾、钙、镁、锰、硼、铜和铁等营养元素的含量,对比标准值(表 4-3),即可知道树体的营养状况。同时,参考果园土壤分析结果,在常年施肥量基础上,适当增加不足的元素,减少过剩的元素。

表 4-3　苹果树营养诊断的标准值

国　家	常量元素(%)					微量元素(毫克/千克)				
	氮	磷	钾	钙	镁	锰	硼	铜	铁	锌
中国标准值①	2.47	0.176	1.61	1.48	0.471	25.2	36.1	31.8	117	14.8
美国标准值②	2.33	0.23	1.53	1.40	0.41	98	42	23	220	—

注:①摘自中华人民共和国农业行业标准《果树叶标样》(NY 29—1987)。②摘自《果树营养诊断法》(仝月澳、周厚基,1982)

　　进行土壤分析时,从果园 0～20 厘米、20～40 厘米、40～60 厘米三个深度土层挖取土样,晾干,磨细,过筛,测定土壤质地、有机质含量、酸碱度和矿质营养(氮、磷、钾、微量元素)含量。根据测定数据,对照标准参数或丰产优质园的相应参数,判断各元素的盈亏程度,决定施肥方案,做到科学施肥。一般建园前要进行一次土壤分析,确定施肥方案。建园后,最好每隔 2～3 年进行一次土壤分析,及时调整施肥方案。日本长野县根据土壤肥力高低确定施肥量,肥力高的土壤,每 667 平方米分别施氮(N)8.0 千克,磷(P_2O_5)2.7 千克,钾(K_2O)6.7 千克;肥力中等的土壤,每 667 平方米分别施氮(N)10.0 千克,磷(P_2O_5)3.3 千克,钾(K_2O)8.0 千克;肥力低的土壤,每 667 平方米分别施氮(N)13.3 千克,磷(P_2O_5)4.0 千克,钾(K_2O)9.3 千克。

　　(2) 配方施肥　配方施肥是根据苹果需肥规律、果园土壤肥力和肥料效应,在施用农家肥基础上,按适当比例和用量,施用氮、磷、钾化肥和微量元素肥料。其目的是通过施肥手段,调节土壤供肥与苹果树营养需求之间的平衡,使施肥科学化、合理化和定量化。幼龄果树需磷量较多,一般为氮和钾的 2 倍,故氮、磷、钾肥可按 1：2：1 的比例配制。进入盛果期后,果树需要氮、钾的量较多,氮、磷、钾肥可按 2：1：2 的比例配制。黄照愿(2005)提出了一些适于苹果树的配方施肥方案(表 4-4),这些方案分为高氮低磷、钾配方和低氮高磷、钾配方两种类型,可供参考。

表 4-4　苹果树配方施肥中氮、磷、钾肥用量与比例

配方号	养分总用量(千克/株)	化肥成分量(千克/株)			比　例
		N	P_2O_5	K_2O	
1	0.97	0.46	0.21	0.30	1：0.46：0.65
2	1.51	0.46	0.42	0.63	1：0.91：1.37
3	1.99	0.46	0.63	0.90	1：1.37：1.96
4	1.16	0.46	0.30	0.40	1：0.65：0.87
5	1.66	0.46	0.50	0.70	1：1.09：1.52
6	1.96	0.46	0.70	0.80	1：1.52：1.74
7	1.06	0.55	0.21	0.30	1：0.38：0.55
8	1.60	0.55	0.42	0.63	1：0.76：1.15
9	1.75	0.55	0.50	0.70	1：0.91：1.27
10	1.90	0.55	0.60	0.70	1：1.00：1.45
11	2.00	0.55	0.60	0.85	1：1.09：1.55
12	2.15	0.55	0.70	0.90	1：1.27：1.64
13	1.41	0.92	0.21	0.30	1：0.23：0.33
14	1.97	0.92	0.42	0.63	1：0.46：0.68
15	2.45	0.92	0.63	0.90	1：0.68：0.98
16	1.89	1.38	0.21	0.30	1：0.15：0.22
17	2.43	1.38	0.42	0.63	1：0.30：0.46

配方号	养分总用量（千克/株）	化肥成分量（千克/株）			比　例
		N	P_2O_5	K_2O	
18	2.91	1.38	0.63	0.90	1：0.46：0.65
19	2.15	1.45	0.30	0.40	1：0.21：0.28
20	2.45	1.45	0.45	0.55	1：0.31：0.38
21	2.55	1.45	0.50	0.60	1：0.34：0.41

引自《配方施肥与叶面施肥》（黄照愿，2005）

3. 多施有机肥

有机肥是相对于无机化肥而言的，除化肥以外的所有肥料，可统称为有机肥。有机肥主要分为粪尿肥、厩肥、堆肥、土杂肥、灰肥、饼肥、秸秆肥和腥肥。各种有机肥的性质及矿质元素含量见表 4-5。有机肥具有有机质丰富、矿质营养全面的特点。增施有机肥可提高土壤空隙度，疏松土壤，加速土壤和肥料融合，改善土壤水、肥、气、热状况，有利于微生物活动。能使幼树生长健壮、适龄结果，也能使结果树丰产、优质。

4. 重视叶面喷肥

叶面喷肥，是土壤施肥的重要补充。植株通过叶面吸收所喷的肥液，可弥补根系吸收养分的不足。叶面喷肥，能促进果树生长发育，对迅速改善果树营养状况和增产，具有重要作用。叶面喷肥具有五大优点：一是针对性强，缺什么补什么；二是养分吸收快，肥效好；三是能补充根部对养分吸收的不足；四能是避免土壤固定和淋溶，提高肥效；五是省肥，减少成本，使用方法简便。叶面喷肥全年以 3～5 次为宜，一般前期宜少，后期宜多。花前至落叶前均可喷布，喷肥时期及浓度参见表 4-6。叶面喷肥最好在阴天进行；晴天应在早、晚进行，避开高温时段。

表 4-5 各种有机肥的性质及主要养分含量

类别	肥料名称	主要养分含量(%)			性 质
		氮	磷	钾	
粪尿肥	人 粪	1.00	0.50	0.37	含氮较多,分解后易被作物吸收,肥效快,切忌与碱性物混合贮存
	人 尿	0.50	0.13	0.19	
	人粪尿	0.5~0.8	0.2~0.4	0.2~0.3	
	猪 粪	0.56	0.40	0.44	含氮、磷、钾均较高,并含丰富的有机质,营养均衡,性柔,劲大,属慢性肥料
	猪 尿	0.30	0.12	0.95	
	猪粪尿	0.50	0.34	0.48	
	牛 粪	0.32	0.25	0.15	质地细密,含水多,腐熟过程慢,发酵温度低,属冷性肥料
	牛 尿	0.50	0.03	0.65	
	马 粪	0.55	0.30	0.24	质地疏松,在堆积过程中能产生高温,劲短,属热性肥料
	马 尿	1.20	0.01	1.50	
	羊 粪	0.65	0.50	0.25	粪质紧实,含水少,养分含量浓厚,为迟效性肥料
	羊 尿	1.40	0.03	2.10	
	鸡 粪	1.63	1.54	0.85	氮、磷、钾等肥分及有机质含量都很高,必须腐熟后才能施用,为迟效热性肥
	鸭 粪	1.10	1.40	0.62	
	鹅 粪	0.55	0.50	0.95	
	兔 粪	1.72	2.95	1.00	
厩肥	猪厩肥	0.45	0.19	0.60	有机质含量高,迟效、劲长
	牛厩肥	0.34	0.16	0.40	
	土 粪	0.12~0.58	0.12~0.68	0.26~1.53	
堆肥	一般堆肥	0.4~0.5	0.18~0.26	0.45~0.70	有机质含量高,肥效较好
	垃圾堆肥	0.33~0.36	0.11~0.39	0.17~0.32	
	草皮沤肥	0.10~0.32			
	绿肥沤肥	0.21~0.40	0.14~0.16		

类别	肥料名称	主要养分含量(%)			性　质
		氮	磷	钾	
土杂肥	塘　泥	0.20	0.16	1.00	养分全、性稳定,但速效养分含量低,属迟效肥
	沟　泥	0.44	0.49	0.56	
	湖　泥	0.40	0.59	1.83	
	河　泥	0.29	0.36	1.82	
	陈墙土	0.19～0.26	0.45	0.81	微碱性,含较多硝态氮,速效热性肥
	熏　土	0.08～0.18	0.13	0.40	
	硝　土	10.2		24.4	
	灶　土	0.28	0.33	0.76	
	烟囱灰	3.50	0.40	0.20	中性至微碱性,适水性强,主要含磷、钾、钙及一定量的微量元素
	粉煤灰	0.04	0.13	0.82	
	炉灰渣		0.2～0.6	0.2～0.7	
	垃　圾	0.20	0.23	0.48	
灰肥	草木灰		3.50	7.50	主要成分是钾、磷、钙,肥效较快,碱性,既不宜与粪尿混合堆存,也不宜与硫酸铵、硝酸铵等铵态氮肥混合贮存
	木　灰		3.1～3.4	5.9～12.4	
	草　灰		2.1～2.3	8.1～10.2	
	麦秆灰		4.3	7.7	
	稻草灰		0.59	8.09	
	棉秆灰		1.97	11.22	
饼肥	大豆饼	7.0	1.32	2.13	含氮较高,养分齐全,肥效持久,含油脂较高,属热性肥料,呈微碱性
	花生饼	6.32	1.17	1.34	
	菜籽饼	4.60	2.48	1.40	
	棉籽饼	3.41	1.63	0.97	
	芝麻饼	5.80	3.00	1.30	
	蓖麻饼	5.00	2.00	1.90	

类别	肥料名称	主要养分含量（%）			性　质
		氮	磷	钾	
秸秆肥	稻　草	0.57	0.23	1.05	稻草、麦秆、玉米秆较粗硬、纤维多、腐烂分解慢，豆类秸秆腐烂较快，后劲长，能疏松土壤
	麦　秆	0.41	0.18	0.95	
	玉米秆	0.61	0.27	2.28	
	大豆秆	1.31	0.31	0.50	
	绿豆秆	1.30	0.60	2.40	
	油菜秆	0.56	0.25	1.13	
	土豆秆	0.60	0.15	0.45	
	花生秆	2.15	0.35	1.22	
腥肥	鱼　杂	7.36	5.34	0.52	鱼虾类肥料肥效迟缓，贝介类除含有一定数量的氮、磷、钾外，还含有较多的碳酸钙
	虾　糠	3.85	2.34	0.14	
	鱼　类	9	5		
	废鱼油	6			
	海蛤蜊	0.44	0.15	0.24	
	海　螺	2.11	0.32	0.46	
	水　母	5.37	0.77	2.82	
	鱼　鳞	3.59	5.06	0.22	
	螺蛳（带肉）	0.88	0.05		
	蛤蚌（带肉）	0.39	0.04		

引自《苹果高效栽培技术问答》（陆秋农，1997）

表4-6 苹果树根外追肥时期及肥液浓度

喷布时期	肥液种类及浓度	施后的效果	备注
萌芽前	2%～3%尿素	促进萌芽,增加坐果	不能与碱性物质混用
	3%～4%硫酸锌	防治小叶病	用于缺锌果园
萌芽后	0.3%尿素	促进叶片生长,增加坐果	可连喷2～3次
	0.3%～0.5%硫酸锌	防治小叶病	
花期	0.3%尿素或15%腐熟人尿	提高坐果率	连喷2次
	0.3%硼砂	防治缺硼症	
	美果灵800倍液	提高坐果率	
	氨基酸复合微肥0.2%	提高坐果率	
新梢旺长期	0.1%柠檬酸铁或0.5%硫酸亚铁或0.5%黄腐酸二胺铁	防治缺铁失绿病	连喷2～3次
	1%～2%氯化钙	防治果实缺钙症	连喷1～7次
	美果灵、农家旺各600倍	促进果面光洁	连喷1～2次
5～7月	0.5%硼砂	防治缩果病、苦痘病、水心病、痘斑病、果肉褐变病等	多次喷布
	0.5%硝酸钙		
	0.3%硫酸锰		
	0.3%钼酸铵		

喷布时期	肥液种类及浓度	施后的效果	备 注
果实采前 1 个月左右	0.5%磷酸二氢钾或 2%过磷酸钙浸出液或 4%草木灰浸出液或 0.5%硝酸钾或 0.5%硫酸钾	促进果实着色、增糖	喷 1～2 次
	1%氯化钙	防木栓病及防止缺钙症	
	美果灵 600 倍	增色、光洁度好	喷 1 次
	农家旺 600 倍		
采收后至落叶前	1%尿素	延迟叶片衰老，增加贮藏营养、防治缺素症	连喷几次
	0.5%硫酸锌		
	0.5%硼砂		
	0.7%硫酸镁		

引自《苹果优质生产入门到精通》(汪景彦，2001)

5. 根据生长期适时适量施肥

(1)早秋施基肥 基肥肥效稳定、持久，养分丰富全面，释放缓慢。基肥最好在秋天施入，而且以早秋(8 月中下旬至 9 月中旬)施入为最好。早秋施基肥有以下几大优点：一是早秋地上部营养开始向根系回流，根系生长处于高峰期，断根伤口容易愈合，直径 1 厘米以下的断根容易发生新根。二是地温适宜，土壤湿度大，微生物活动旺盛，肥料熟化分解快，矿化度高，根系吸收功能活跃。三是肥料中的速效性成分，在施肥后即可被根系吸收，能增强叶功能，提高叶片光合效率，增加碳水化合物积累和充实组织与花芽，有利于翌年树体发育和开花结果。四是肥料中的迟效性成分经过秋、冬、春三个季节，已部分转化为根系可吸收的营养物质，春季即可发挥肥效，有利于成花、坐果和春梢生长。五是能增强树体的抗寒力。

施基肥时，应将有机肥和速效肥结合施用。有机肥以迟效性和半迟效性肥料为主，如猪圈粪、牛马粪和人粪尿等，要根据结果量一次施足。速效肥主要是氮素化肥和过磷酸钙。为充分发挥肥效，可将几种肥料一起堆腐，然后拌匀施用。基肥施用量，应根据土壤肥力、苹果产量和有机肥种类而定。通常，盛果期苹果园每生产 1 千克苹果，施入 1 千克优质有机肥，并根据土壤营养状况，混加适量的速效氮、磷、钾化肥；幼龄果园则每 667 平方米施优质有机肥 1 000 千克。基肥施用方法，多采用环状沟施、放射状沟施或条状沟施。在肥料充足的情况下，也可采用带状沟施，或结合改土同时进行。成龄果园有机肥需要量大，可全园撒施，撒布均匀后，刨翻入土。刨翻时冠外较深，近干处稍浅。这样做可减少损伤大根，有利于根系的更新。

(2) 分期追肥 追肥的作用主要是促进新梢(包括春梢和秋梢)生长，提高坐果率，增大果个，提高品质和产量，增加花芽分化率，增强抗寒力等。追肥多用速效肥，主要是氮肥(如尿素、硝酸铵、硫酸铵、碳酸氢铵、磷酸二铵等)和速效磷、钾肥(如磷酸二氢钾、硫酸钾以及富含磷、钾的复合肥和果树专用肥等)。此外，还有迟效性的磷、钾肥(如过磷酸钙与磷矿粉等)和微量元素肥料。氮肥应施在根系集中层以上，借灌溉水或雨水使肥料渗入下层。钾肥则应深施。草木灰不能和氮肥施在同一沟内，两者的施用时间最好间隔半个月左右。磷肥也应深施和集中施，尽量减少它与土壤的接触面，以免被土壤固定而妨碍苹果树根系的吸收，一般把它与有机肥料混合施入或作为根外追肥使用。

追肥分根部追肥和根外追肥(主要是叶面喷肥)两种,叶面喷肥前已述及,下面主要介绍根部追肥。根部追肥,一般每年不宜超过三次。幼树应于新梢生长前和旺盛生长期进行。初果期树应于花前、花芽分化前和秋梢停长后追肥。盛果期树应于花后追肥。大年树应于坐果后和果实膨大期追肥。小年树应于花芽萌动前后和花期前后追肥。

① 早春追肥 主要目的是促进萌芽整齐,提高坐果率和促进春梢生长。肥料种类以速效氮肥为主,尿素、硫酸铵和碳酸氢铵均可,以尿素最好。一般盛果期树每株施尿素 0.5～0.6 千克,或硫酸铵 1～1.5 千克;幼树每株施尿素 0.1 千克,或果树专用复合肥 0.3～0.5 千克。施肥后要及时浇水。

② 花芽分化至果实膨大期追肥 主要目的是促进果实膨大和花芽分化,保证花芽分化质量。可选用尿素、磷酸二铵、氮磷钾复合肥,或果树专用肥。施肥量一般为:幼树株施尿素 0.05～0.25 千克、磷酸二铵 0.3～0.4 千克、果树专用复合肥 0.5～0.7 千克,或氮磷钾复合肥 0.3～0.4 千克;结果树株施磷酸二铵 0.5～0.7 千克、果树专用复合肥 1～1.5 千克或氮磷钾复合肥 0.5～0.7 千克。施肥后及时灌水。

③ 果实迅速膨大期追肥 主要目的是促进果实着色,提高果实含糖量,对花芽分化和枝干增粗也有良好作用。此次追肥以磷、钾肥为主,株施复合肥 1～1.5 千克。

6. 改进施肥方法

(1)根据树龄和栽植密度选择施肥方法 适宜的施肥方法既有利于肥料被根系吸收,也可减少肥料损失。果园施肥方法主要有全园施肥、环状沟施肥、放射沟施肥和条沟施肥。

① 全园施肥 适于成年树和密植树。先将肥料全园铺

撒开,用楼耙将肥料和土混合或翻入土中。施肥后配合灌溉,效率高。生草条件下,将肥撒在草上即可。

② **环状沟施肥** 适于幼树和初结果树,太密植的树不宜采用。环状沟应开于树冠外缘投影下,施肥量大时沟可挖宽挖深一些。施肥后要及时覆土。

③ **放射状沟施肥** 适于成年树。栽植密度过大的树不宜采用。由树冠下向外开沟,一端起自树冠外缘投影下稍内,一端延伸到树冠外缘投影以外。开沟4~6条,沟的宽度和深度由肥料多少而定。施肥后覆土。第二年施肥时,沟的位置应与上一年的沟相错开。

④ **条沟施肥** 便于机械或畜力作业,效率高。为国外许多果园所采用。但要求果园地面平坦、条沟作业与灌水方便。果树行间顺行向开沟(可开多条),随开沟随施肥,及时覆土。

(2)施肥方式应与苹果根系分布特点相适应 苹果树根系密度低,分布深而广,吸收根垂直分布集中在15~40厘米深的土层(矮砧苹果树)或20~60厘米深的土层(乔砧苹果树),根系分布广度约为树冠直径的1.5~3倍,集中在距离树干50~150厘米处,施肥应集中在此区域。与苹果树根系分布特点相适应,苹果树施肥宜采用环状沟施、放射状沟施和条状沟施等施肥方法。近年来,穴贮肥水技术在一些地区逐步得到推广和应用。

(3)注意保护根系 施肥时,要注意保护根系,尤其要保护好各级侧根上的细根。开沟露出的大根翻动后,应将其充分舒展并埋入松土中,而且要随翻随埋,严防长期风吹日晒。同时,要用利剪修剪断根,以利尽早愈合和生根。另外,无论采用何种施肥方式,肥料均不能成团成块,而应与根际土壤充分混合均匀,以免土壤局部肥液浓度过高,造成烧根。

(4)注意肥料的酸碱性 肥料有酸性肥料和碱性肥料之分。若长期单一施用某种肥料,容易改变土壤的酸碱度。酸性肥料,如硫酸铵、过磷酸钙和硫酸钾等,宜在碱性土壤中施用;碱性肥料,如草木灰、石灰、钙镁磷肥、钢渣磷肥和硝酸钠等,宜在酸性土壤中施用。酸性肥料与碱性肥料不能同时施用。

(5)适量增施微肥 微量营养元素供应不足时,果树易患缺素症。例如,缺铁会出现黄化病,缺锌会出现小叶病。常用的微肥,有硫酸亚铁、硫酸锌和硼砂等。主要采用根外追肥,即叶面喷肥的方法施用。采用根部追肥时,硫酸亚铁直接施入土壤中会很快转化成不能溶解的化合物;而与有机肥同时施入效果较好。硼砂最好与有机肥、氮肥和磷肥等混合使用。

7. 盛果期果园施肥方法

肥力中等土壤上的盛果期苹果园的施肥方法如下:萌芽前(3月上中旬),每667平方米施20∶10∶10氮磷钾复合肥55~70千克,或尿素30千克,过磷酸钙40千克,硫酸钾10千克。花芽分化期(6月上中旬),每667平方米施10∶10∶20氮磷钾复合肥45~55千克,或尿素10千克,过磷酸钙40千克,硫酸钾20千克。秋天果实采收后(9月中旬至10月中旬),每667平方米基施腐熟的有机肥3 000~4 000千克,20∶10∶10氮磷钾复合肥20~30千克,或每667平方米基施腐熟的有机肥3 000~4 000千克,尿素10千克,过磷酸钙20~30千克,硫酸钾5千克。对于晚熟苹果品种,8月上旬增施一次肥,每667平方米施10∶10∶20氮磷钾复合肥14~28千克,或硫酸钾5~10千克。在根外追肥方面,开花前喷2~3次浓度为0.3%~0.5%的硼砂液,缺铁苹果树喷0.3%~0.5%的黄腐酸铁液,缺锌苹果树喷0.3%~0.5%的硫酸锌液;盛花后 30~40 天,每隔 7 天喷一次 0.3%~0.5% 的氨基酸钙;落叶前 20 天左右,喷三次 0.5% 的硼砂液和 0.5% 的尿素液。

三、水分管理

(一) 认识误区和存在问题

1. 不注意灌溉方式和时期

目前,在绝大多数果园,喷灌、滴灌和渗灌等节水灌溉方式,由于投资较多,没有得到普及和推广,漫灌仍是普遍采用的灌溉方式。漫灌会造成水资源严重浪费和土壤板结、淋溶与流失。灌水不能与苹果树需水规律相协调。一些果园 4~6 月份灌水量不足,不能满足新梢旺长和果实膨大的需要;后期(8~9 月份)灌溉量过大,导致贪青生长和果实品质下降。

2. 不注意保墒和排水防涝

灌水对于苹果生产的重要性,已得到普遍认识和重视。但是,灌水后如何保墒、如何采取措施提高水分的利用效率,以及土壤水分过大时如何排水等,往往被忽视。通常的情况是,只重视灌水,不重视保墒。当出现雨水过大、土壤渍涝时,不采取措施排水,放任不管。另一方面,保墒与灌水同等重要,也是节约水资源的重要措施。许多果园在耕作保墒、覆盖保墒和积雪等保墒方法的应用上,还存在欠缺。

(二) 提高水分管理效益的方法

1. 适时适量灌水

(1) **苹果树的需水规律** 苹果树的水分需求随季节、土壤含水量和树体状况的变化而变化。春季发芽前至开花前,气温低,叶幕小,耗水量少,苹果树需水不多。新梢旺长期,为需水临界期,气温不断升高,叶片数量和总叶面积急剧增加,苹果树需水最多。花芽形成期,需水较少,水分供应过多反而影响成花。果实迅速膨大期是第二个需水临界期,气温高,叶幕厚,果实迅速膨大,水分需求量大。果实采收前,气温逐渐降低,叶片和果实消耗的水分不多,一定的空气湿度有利于果实着色,但水分供应不能过多;否则,会影响果实着色和降低果实品质。休眠期,气温低,没有叶片和果实,苹果树的生命活动降至最低点,根系吸水功能弱,水分需求少。

(2)主要灌水时期 苹果园灌水时期,应根据苹果树在不同物候期的水分需求、气候特点和土壤水分状况综合确定,通常包括下述四个时期:

① **萌芽期** 春季苹果树萌芽抽梢,孕育花蕾,需水较多。此时常有春旱发生,及时灌溉,可促进春梢生长,增大叶片,提高开花势,还能不同程度地延迟物候期,减轻春寒和晚霜的危害。但灌溉时期不能太早,否则,效果不明显。

② **花期前后** 土壤过分干旱会使苹果树花期提前,而且集中到来,开花势弱,坐果率低下。因此,花期前适量灌溉,使花期有良好的土壤水分,能明显提高坐果率。但花期前土壤水分状况较好时,不宜大水浇灌,否则,会使新梢旺长而影响坐果。落花后浇水,有助于细胞分裂,果实高桩,可减少落果、促进新梢生长和花芽形成。由于正值需水临界期,灌水量可稍大一些。

③ **幼果膨大期** 此期若水分供应不足,常导致果个偏小。如能及时灌水,可增大果个,提高产量。但灌水过多会降低果实品质。

④ **后期灌水** 结合秋施基肥进行。可促进有机肥腐烂分解,有利于断根再生。土壤封冻前,灌足冻水,可防止果树抽条和保证春季果树旺盛生长。

(3) 灌 水 量 当土壤含水量低于田间最大持水量的60%时,就需要灌水。灌水后,根际土壤含水量应达到田间最大持水量的60%~80%。苹果树的适宜灌水量,要根据树龄、树势、树冠大小和品种特性,并参考土壤实际含水量等确定。一般幼树灌水量少;成龄树灌水量大;旺树和坐果率低的品种,灌水量宜少;弱树和坐果率高的品种,灌水量可相对较多。在漫灌条件下,幼树株灌水 100~150 千克,初果期树株灌水 150~250 千克,盛果期树株灌水 400~750 千克。若改用滴灌或渗灌,可节水 2/3~4/5。

2. 实行节水灌溉

苹果园灌水,过去多以漫灌为主,投资少,简便,但土壤易板结,耗水量大。近几年为节约用水,科学用水,提倡果园进行节水灌溉。节水灌溉主要有以下几种方法:

(1) 沟 灌 在水源不充足、有机械开沟条件的果园,可在树冠投影下挖轮状沟或在株间开短沟灌水。沟灌的灌水量较漫灌少,对土壤结构的破坏较轻。目前生产上使用较多。

(2) 喷 灌 喷灌适于山地、坡地果园和园地平整的生草制果园。省水、省工,在喷水的同时,还可喷药和喷肥。除满足苹果树的水分需求外,喷灌还具有春季增温防霜、夏季降温防日灼、提高果实品质、促进成熟和减轻苦痘病、木栓斑点病和黑星病等病害发生的功效。喷灌有固定式和移动式两种设备。喷头高度可定在树冠顶部、中部或树干周围。由于喷灌需要专门设备,投资较多,设备长期留置果园,不易看管,因而近年来应用渐少。

(3) 滴　灌　滴灌省水、省工,还可结合施肥(溶入矿质营养),对防止土壤次生盐渍化作用明显。能为局部根系连续供水,使土壤保持原来结构、水分状况稳定(图 4-1)。每 667 平

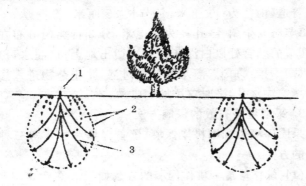

图 4-1　滴灌土壤湿润情况
1. 滴头　2. 等湿度线　3. 深层渗漏

方米滴灌设备投资在 200～300 元,1～2 年即可收回成本。滴头密度、滴灌次数和水量,因土壤水分状况和果树需水状况而定。3 年生幼树每株安装 2 个滴头即可。对于其他树龄的苹果树,可根据树冠扩大情况,将滴头由 2 个增至 6 个,每个滴头每分钟滴 22 滴,连续滴 2 个小时即能满足水分需求。根据《苹果优质生产入门到精通》(汪景彦,2001)介绍,在滴灌时,可加入矿质肥料(浓度为 2 毫克/升),矿质元素能快速移动、扩散,对根系吸收十分有利,供肥后连续滴灌 5 小时,5 天后钾可向下层土壤移动 80 厘米,向四周移动 15～18 厘米;硝酸铵可向下层土壤移动 1 米,向四周移动 1.2 米。

(4) 渗　灌　渗灌,是通过埋入地下的管道,将水分通过渗漏孔直接输送到苹果根际土壤的灌溉方法,具有改善根际土壤理化性状、增加根量、使枝条生长平稳、增产增质等效果。

与漫灌、沟灌、喷灌和滴灌等其他灌溉方法相比,更加省水、省工,投资少,效果更好。渗灌的具体操作是:在距苹果树干两侧1米处,挖深60厘米、宽50厘米的条沟,在沟内水平埋入渗灌管道(内径为20厘米,每节长35厘米,管壁厚3～5毫米,每节有9个斜孔,孔径为2毫米,分3行均匀分布在管壁上,两节的结合处以白泥灰密封),留出地上口(灌水口)和地下口(雨季排水口)。灌水时纱网过滤,防止杂物进入渗灌管道内堵塞渗水孔,平时盖严地上口。

3. 采取经济有效的保墒方法

果园保墒可采用耕作保墒、覆盖保墒和积雪等三种经济有效的方法。

(1) 耕作保墒 耕作保墒的方法如下:

①**顶凌刨园** 早春顶凌刨园。此时土壤刚解冻,正值返浆期,刨园后,可以保蓄由深层土壤向上层土壤移动的水分。并能提高地温,增加透气性,促进根系活动。

②**雨后中耕** 生长季节,每次降雨或灌溉后,深刨树盘,破除板结,截断土壤毛细管,减少土壤水分蒸发。

③**松土除草** 干旱时,松土除草,减少水分散失。土壤湿度很低时,及时镇压提墒。雨季开始时,耕翻,立垡不耱。雨季结束,及时浅耕、耙耱,蓄水保墒。

④**修盘扩穴** 果实采收后,结合施基肥,深翻树盘,逐年放大树穴,整修树盘,有利于熟化土壤和蓄积雨水。灌封冻水后,及时耙耱,可减少水分蒸发,有利于果树安全越冬。

⑤**节水耕作** 为了果园保墒和防止水土流失,提倡节水耕作,改多耕为少耕,改深翻(深度一般为60～100厘米)为深耕(深度为20厘米左右)。苹果花后一次清耕。雨季前一次刈割,就地覆盖。轮换采用穴耕和条耕。穴耕,即在树冠投影

的外缘深锄或刨 6～8 个穴,将周围杂草、高草翻入穴中,一年内穴耕 2～3 次,每次在不同的地方穴耕。条耕,即在树冠投影下,顺行浅耕一条,可以一年一边,也可两边同时进行。改深翻为深耕,即深度为 20 厘米左右,可全园深耕,也可局部深耕。改锄草为浅旋耕或刈割。

(2) 覆盖保墒

一是有机物覆盖。见土壤管理部分。

二是地膜覆盖。见土壤管理部分。

三是化学覆盖。利用高分子化合物制成乳化液,喷到整平耙碎的土壤表面,迅速形成一层覆盖膜,从而保持土壤水分,但不会影响降雨渗入土壤。一般一次化学覆盖,可维持30～100 天。同一地块不宜连续多次使用,以免污染土壤和影响微生物活动。

(3) 收集积雪 冬季降雪较厚的地区,可收集行间积雪,堆培于树盘或树行上,培实压平,加盖秸秆等物,以增加早春土壤湿度,保护根颈,避免冻害。但在易发生春季抽条的地区,树干周围不宜培雪太高;否则,土壤解冻慢,会加剧抽条。

4. 适时排水防涝

多雨季节,常造成地面积水,致使土壤通气不良,不但根系呼吸和土壤微生物活动受到抑制,还容易积累盐分,引起根系中毒死亡。因此,当果园土壤含水量达到田间最大持水量时,即应排水。各类土壤的田间最大持水量分别为:细砂土为28.8%,砂壤土为 36.7%,壤土为 52.3%,黏壤土为 60.2%,黏土为 71.2%。

(1) 平地果园 较大的果园应有完善的排水系统,包括排水沟、排水支渠和排水干渠。通常每隔 2～4 行挖一条排水沟,排水沟在小区内,小区边上挖排水支渠,支渠与排水干渠相连接。排水沟渠的深浅和宽窄,应根据当地雨量确定。排水沟通常底宽30～50厘米,上宽80～100厘米,深50～100厘米。

(2) 山地和丘陵果园 通常在梯田内沿挖竹节沟排水,沟底宽30～40厘米,深约35厘米,每隔5～6米修一段长1米左右的土埂,即拦水竹节。在梯田面靠近竹节沟排水口的地方,挖一个沉淤坑(深、宽各60厘米,长约1米)。在沉淤坑的外侧,用砖石和水泥砌一个出水簸箕,以免排水时冲坏梯田壁堰。一些山地和丘陵果园存在潴涝地段,土壤常年过湿,不利于苹果树正常生长发育。对于这类地段,可采用如下两种方法予以解决:一是在潴涝地段上方,开一条截水沟,将泉水和上方渗漏下来的水引到横向排水沟内,再经支渠和干渠,排出果园;二是在潴涝地段的地面下,用石块或粗塑料管构筑暗沟,将水从地下排出。

第五章　整形修剪

整形修剪是苹果树综合管理中一项重要的技术。对其作用,既不能夸大,又不能忽视。20世纪60~70年代,有人把修剪看成万能措施,提出"一把剪子定乾坤",认为苹果产量高低,质量好坏,花芽多少,都决定于一把剪子。这种主张曾一度妨碍果园的综合管理,特别是地下管理。80年代后,这种片面的看法才慢慢得到了纠正。但有的果农却走向了另一个极端,即忽视修剪的重要作用,几乎不动剪,放任果树生长。虽然这样做,有利于早结果,早丰产,但不利于日后的稳产、优质和树体健康长寿。因此,正确认识和运用整形修剪技术十分重要。

一、认识误区和存在问题

(一)修剪技术不到位

1. 认为骨干枝神圣不可侵犯

一般来说,骨干枝是永久性的,它维持树冠骨架结构,承受全树果实产量和重量,所以,要尽可能保持其完整性、主从关系、主导位置和生长优势,在整形修剪中要非常重视其存在的价值。过去,曾认为骨干枝不可随便修剪和回缩;要动骨干枝时,应请有经验的人判断,决定其去留。如今,为了优质生产,只要求树冠不必太高,骨干枝不要太多、太繁杂。必要时,小冠开心形要进行重落头,疏去低矮的基部大枝、密生主枝或疏除侧枝。主干形不留主枝,只有中央领导干和枝组,降低骨干枝级次,使树体结构简化,这种树不但好修剪,修剪量轻,而且修剪效率高,一个人一天可修剪667平方米果园的盛果期苹果树。

2. 连年过多、过重地短截

由于受传统技术的影响,习惯地进行过多、过重的短截,结果是截1个枝,就抽出2～4个长条,外围枝茂密,内膛缺光,寄生区增大,花芽难以形成。这种手法在个别果区还相当严重。纠正的方法是轻剪长放,除骨干枝在延伸阶段需短截延长头外,一般采取长者拉平、密者疏除的剪法。重视春季萌芽后修剪和夏季修剪,以缓势增枝,促花保果。

3. 缩剪重而且多

由于习惯于采用缩剪手法,如背后枝换头用缩剪法后,如不结合拉枝和撑枝,其角度不但不会加大,反而会缩小。对于一般枝组和果枝,多数喜欢齐花剪或花上剪。这虽然能提高坐果率和增大果个,但缩剪后,枝轴变短,单枝上叶片少了,剪除了预备枝;既不利于该枝的复壮,也不利于形成单轴、细长、斜生、下垂、松散型的枝组系统。红富士苹果树紧凑型枝组上偏斜果多,所以,要注意控制回缩枝的枝龄和枝量比例,除多年生极弱枝(连放6～7年以上)需回缩外,一般任其延伸,但要注意疏花和疏果,保持适宜的6:1的枝果比和50～60:1的叶果比。

4. 枝组密度太大

过去流传一种"大枝亮堂堂,小枝闹嚷嚷"的提法,虽然也有控制大枝数量,多培养小枝结果的意思,但小枝太多、太闹嚷,会恶化局部光照,影响果实着色,常造成叶磨。要生产优质果,在调整大枝数量的基础上,要调整好枝组的分布和密度,枝组要拉开距离。如红富士苹果树,在培养长轴枝组的前提下,枝组的间距,大枝组为 60 厘米以上,中枝组为 40 厘米以上,小枝组为 20 厘米以上。每米骨干枝上平均有 10 个枝组左右即可。

（二）夏剪不规范

1. 只长放不拉枝

有的果园的管理者,在苹果树栽后树小、枝条少时,还能进行拉枝,后来枝量大增,树冠高了,拉枝费力,就停止拉枝,结果是上部强枝太多,形成多头领导;后部光秃,内膛缺光,花芽稀少,结果延迟。对这类树要坚持按要求拉枝到位,若结合进行刻芽和环剥,则效果更好。

2. 扭梢成排

有的果农尝到了扭梢的甜头,夏季对所有直立新梢全部扭梢,而且多偏向扭梢者方便工作的一边,显得有些密挤。在扭梢枝结果后,仍不剪去。2～3 年后,形成肘形枝,挂满骨干枝一边,有些枝竟与骨干枝长到一起。对这类枝应及时处理,不要总利用这类枝结果。这类枝结的果小。让它结果,只是一种临时性、短期性措施。

3. 拉枝不当

拉枝角度因具体情况而定,一般应在 80°～120°之间。但在生产上常有将枝拉成弓形,交叉拉,只拉中、上部等错误做法。所以,拉枝要规范。

4. 连年环剥

环剥只是对幼旺树促花所采取的临时性措施。生产上应加强综合管理,让树正常成花,稳定结果。若一味依靠环剥,连年环剥,势必造成树势衰弱,易感烂根病、腐烂病和干腐病等,造成树势衰弱,果小质差,经济效益不高的后果。

(三) 改形一刀齐

现在提倡大改形,这是对的。一些郁密园、郁密树不可能生产出高档果,其出路就是改变原有树形,使之与株行距相适应。但目前一提大改形,就将苹果树一刀齐地改为小冠开心形。这样做太绝对化了,应因地制宜、因树而异地去改形。否则,也会出现降低产量,增加枝、果日灼率,大伤疤太多,衰弱树体等后果。

二、提高整形修剪效益的方法

(一) 整形修剪的作用与意义

1. 整形修剪的目的

整形修剪的主要目的,是促进苹果树早实、丰产、稳产、优质和壮树,并能降低消耗,集中营养,节约成本、能量和水分等,从而提高经济效益、社会效益和生态效益。

2. 整形修剪的意义

整形修剪能在综合管理的基础上,适度调节地上部与地下部的对比、平衡关系,有效调节生长与结果的矛盾,在很大程度上改善通风透光条件,从而有利于成花、坐果和优质。另外,整形修剪能有效控制旺长树势,使之早成花,早结果。对衰老树和衰弱枝,采取更新修剪,使弱树得到复壮,做到树老枝不老,树体健壮长寿。修剪可调节花芽、叶芽比和留花量、留果量,最有效地控制大小年结果现象的发生,使树势稳定,产量稳定,树健枝壮。

3. 整形修剪的效用

(1) 建造适宜的树体结构 根据砧穗组合、株行距和立地条件等，确定适宜的树形。如矮砧树，可整成细长纺锤形、矮纺锤形、自由纺锤形和主干形(优良主干形、松塔形等)；矮化中间砧树，可整成自由纺锤形、细长纺锤形等；乔砧树，可整成小冠疏层形、自由纺锤形、折叠式扇形或主干形，有的可整成改良纺锤形等。在不同树形基础上，因树制宜地培养良好的枝组系统，使中等树冠中小枝组占 90%，小树冠中小枝组占100%。总的要求是大枝要少，小枝要多，但多而不密。树体结构合理，通风透光，光能利用率高，花芽质量好，营养集中，果大质优。同时，有利于疏花、疏果、套袋和喷药等田间作业，以节省用药，作业效率高。

(2) 提早结果,延长经济结果年限 现在提倡栽植大苗。这种苗木在苗圃内生长 2～3 年，并且进行整形，使之形成分枝和部分成花，栽后当年便可结果。其 667 平方米产量栽后3 年可达 500 千克，4～6 年可稳定在 2 500～3 000 千克。为了迅速扩大树冠，在幼树旺长条件下，当 5～6 月份，新梢长到50～60 厘米时，对骨干延长梢进行摘心，其二次梢到秋季结束生长时，还能长到 60 厘米左右。这样做的结果，不但能增加分枝的级次，而且可使骨干枝头一年长两年的长度，冠幅扩大 1 倍，有利于早期形成树冠。

幼树树冠直立，极性很强。其一年生枝长达 1 米左右，基角在 40°～50°，生长势太强，影响成花。通过夏季修剪，开张各骨干枝角度，因树形不同，可将角度拉开到 80°～110°。树冠越小，拉的角度越大；越向树冠上部，骨干枝越开张，这样有利于控制上强下弱，促发短枝，成花结果。在一定的范围之内，开张角度就意味着产量的增加。

对于幼树至初结果期树,夏季修剪在增枝和促花方面具有明显的作用,如环剥、环割、扭梢、拉枝和摘心等,已普遍用于苹果生产,早实丰产事例不胜枚举。

(3)高产稳产,壮树长寿 通过整形修剪,控制树冠轮廓范围,落头开心,疏散分层,使叶幕呈波浪式分布,有利于通风透光。通过冬季修剪,控制过多花量,留壮枝饱芽,使花、叶芽比例控制在 1:3～4,盛果期树每 667 平方米花芽量为 1.2万～1.5 万个。留果量因品种而定,一般每 667 平方米红富士留 1.0 万个果,新红星留 1.2 万个果,国光留 1.4 万个果,金冠留 1.0 万个果就足够了。在早期疏花,花后 15～20 天定果的条件下,可保证果台枝部分成花,一般连续结果能力可达40%～80%,有利于稳产的实现。另外,疏去花和幼果的枝,当年多半形成副梢花芽,更是稳产的保证。在结果多年后,枝组势力渐弱,应通过更新复壮修剪,使枝组势力增强,提高生产能力,达到树老枝壮,连年丰产、稳产的目的。

(4)提高果实品质 目前,苹果生产已进入质量效益期,任何一项管理,特别是修剪,都应以优质生产为目的。当树冠扩大到一定范围时,应控制其高度(树高 2.5～3.5 米),进行落头开心(轻、重开心),留够行间作业道(1～1.5 米),以利于行间作业和通风透光。为此,应将树冠、树行修剪成一定的几何形状(如树篱形、扇形、梯形、三角形、主干形等),行间射影角(树高与邻行冠基连线,与水平面构成的夹角)应小于 49°,使树冠两面每天各有三个小时的直射光,以满足果实着色的需要。与此同时,株间允许有 10%的交叉,树行变成连续的树墙,便于打药和行间作业。为了使果实优质,要将大枝数量降到最低限度,每年疏除几个,尤其是郁密处的大枝。要注意剪除弱枝和病虫枝。每 667 平方米留枝量宜在 6 万～10 万

个,按枝果比 5～6：1 控制留果量。树冠透光率达到 30％,
树冠下花影占 1/3 左右。这种树冠,果实个大,着色好,品质
高。

(5)便于田间管理,降低生产成本 通过控冠改形修剪,
将树高降低到 3.5 米以下,树干高度提高到 1 米左右,树冠通
透性好,打药可节省药水 1/4～1/3,而且容易打匀,分布周
到;疏花疏果和套袋、摘袋等作业都能站到地上操作,劳动效
率可提高 30％以上,从而降低生产成本。

(6)增强生态适应性,保护果树安全越冬 根据生态等条
件,灵活采用相应的树形和整形方式与修剪方法,如多风、风
大地区,苹果树形可采用矮干形、棚架和"V"字形架整枝,可
有效抵御大风侵袭。在夏季多雨、寡照地区,应采用开心形,
留枝量要少。在寒地,为便于埋土防寒,可将树冠整成匍匐
形,也可采用低干小冠树形,如折叠扇形和龙干形等;在修剪
上,注意在迎风面刻芽促枝,使树冠圆满。为防止树冠偏斜或
受风害形成飘旗形,要注意拉枝,立支柱绑缚,保持中央领导
干直立,使树冠圆满均匀。

(二) 因品种而修剪

苹果品种十分丰富,目前主栽品种有十余个。各品种生
物学特性不同,应针对具体品种和树形(图 5-1),采取相应的
修剪方法。

1. 红富士(富士系普通型)品种的修剪

(1)树形选择 由于砧穗组合不同,其综合生长势表现为
强、中、弱三种类型。这三种类型的树冠,应分别采用大、中、
小冠型树形。大冠型可用主干疏层形;中冠型可用小冠疏层
形、改良纺锤形、小冠开心形和自由纺锤形;小冠型可用细长

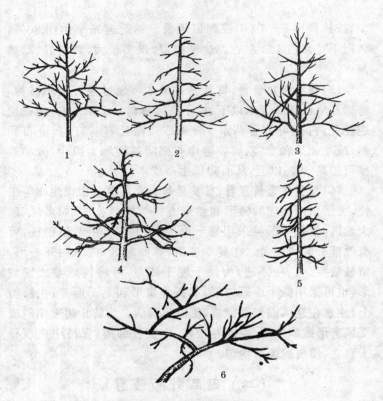

图 5-1 6 种主要苹果树形

1. 自由纺锤形 2. 细长纺锤形 3. 小冠疏层形
4. 主干疏层形 5. 主干形 6. 折叠式扇形

纺锤形和主干形(松塔形、优良主干形)等。

(2)整形修剪方法

① 栽后至幼树期 首先,按选定的树形要求,确定干高,一般为 80～100 厘米。在饱满芽处下剪,整形带内留 8～10 个饱满芽。下部几个芽抽梢能力差,可用刻芽法促其抽枝。

从春至秋,树干上常有萌芽发生,应及时抹除整形带下的全部萌芽和萌梢。5～6月份,当骨干枝延长梢长达50～60厘米时,进行摘心,以增加分枝级次和扩冠。对主、侧枝背上的旺梢和竞争梢,应适时进行扭梢等处理,以促进延长枝的优势。在春、秋两季,按整形要求,将主、侧枝拉到规定的角度,将辅养枝拉至90°～110°角。在光秃部位进行刻芽促枝,以丰满树冠和培养理想枝条。

对中央领导干、主枝和侧枝,冬剪时应分别剪留50～60厘米、40～50厘米和50～55厘米;各同级侧枝应顺序排列,并注意出枝部位和相互距离要合理。

对辅养枝进行轻剪长放和连年长放,并尽量拉平。层间枝可留3～4个较大辅养枝。如果它对主、侧枝有影响,则可疏去其上的较大分枝,令其单轴延伸,待衰弱以后再开始疏、缩修剪。

对竞争枝,当中央领导头太强时,可用竞争枝换头。无用时,应将其改造为枝组或予以疏除。对主枝头下的竞争枝,可用疏、留橛和扭梢等法进行处理。对徒长枝和拉平大枝背上抽上的徒长枝,可采取拉平、疏除、摘心和扭梢等法,进行处理。

② 初果期　对初果期红富士苹果树,可采取以下方法进行整形修剪:对骨干枝,当其延长头的长度和高度接近树形要求,株距不足1米时,可甩放,任其自由延伸。否则,可将延长头剪留40～50厘米。另外,要注意开张其角度,使之达到树形要求。同时,要处理好各级枝、各层枝间的从属关系,使主枝生长势强于侧枝,中央领导头又强于主枝,并使同层、同级枝保持相对平衡。如果发生不平衡,则可通过改变角度、枝量、延伸方式和结果量,来加以调整。

对辅养枝,在充分利用它辅养树体和结果以后,逐步加以控制或疏除。具体做法是:开始要轻剪长放,拉枝补空,夏剪促花。结果后,枝势渐弱,当其对主、侧枝有一定影响时,可疏剪其侧生枝,继续单轴延伸。严重影响骨干枝时,要在其后部有良好分枝处回缩,使之变成大、中枝组,无发展余地者便疏去。

对枝组,其中庸、强旺枝应先缓放。几年后,成花结果,枝条转弱时再缩剪。这一过程需要6～7年。对连年缓放枝,要采取剥、刻、拉、疏措施,促生中、短枝和花芽,逐渐形成较理想的细长、松散、单轴、下垂枝组。这是此期红富士树上的主要枝组类型。另一方法是,对一年生强枝先进行中、重截,促生强枝后,再采用前述缓放法进行修剪,可形成大、中枝组,占据较大空间。枝组配置要多而不密,分布合适,充分受光,结果正常。在一株树上的枝组量,应是下层多于上层,外围多于内膛;在主枝上,前、后部中、小枝组多,中部大、中枝组多;背上部中、小枝组多,两侧大、中枝组多。枝组间可相互演变。在大冠树上,中、小枝组占80%～90%,而在小冠树上,几乎皆为中、小枝组。

③ **盛果期** 对盛果期红富士果树,可采取以下方法进行整形修剪:

首先,要重视改善树冠光照,维持合理的树体结构。为解决树冠郁密和群体密林结构问题,应着手进行树体改造。一是要适当降低树高,使树高不超过行距的80%,一二层枝量比应为5∶2～3。二是保持足够的层间距和叶幕间距,一般为50～70厘米,外围枝间距为30～40厘米。三是适时适当改造辅养枝。中庸、偏弱树利用2～3年时间,旺树利用4～5年时间改造完毕,每年改造1～2个辅养枝。四是防止枝组老化,在弱枝组中后部良好分枝处或截或缩,每年回缩 15% 左右。红富士枝组以 3～7 年生结果效能较高,要用不同的修剪方法,促进强、弱枝组向中庸健壮枝组转化。其做法为:一是强枝组要拉平角度,疏除强旺枝和密生枝,去强留弱,促生中、短枝,余者长放。对于串花枝千万不要在花上剪,只宜进行疏花、留叶和适量留果。二是弱枝组应酌情回缩到后部壮枝、壮芽处,次年发出强枝后,再中截。要注意减轻花、果负担。无更新条件的要疏除。

其次,要培养新枝组。在适当位置选健壮的一年生枝进行中截,促生强分枝,通过 2～3 年截、放、缩,培养新枝组。同时,对周围老衰枝组要有计划地予以控制、缩小或疏除。每米骨干枝上保留 10 个左右的枝组较合适。

另外,要维持健壮树势。红富士树要维持中庸健壮树势,其生产参数是:新梢年生长量为 25～30 厘米,长枝占 20% 左右,中、短枝占 80% 左右。花、叶芽比为 1:3～4,其中弱树为1:5～6。

2. 新红星等短枝型品种的修剪

(1) 树形选择 667 平方米栽 41～55 株者,采用小冠疏层形;栽 55～66 株者,采用自由纺锤形;栽 66～111 株者,采用细长纺锤形或主干形;栽 83～111 株者,采用折叠式扇形或篱壁形。

(2) 修剪方法 新红星等短枝型品种,其树体整形修剪方法如下:

① **开张角度** 短枝型品种绝大多数树冠为紧凑型,枝条基角小,多在 40°～50°角。因此,必须在早期,按所采用树形要求拉枝开角。树形越小,拉枝角度应越大;越往树冠上部,拉枝角度越大。如小冠疏层形、自由纺锤形和细长纺锤形,下

部大枝应分别拉到 50°～60°,70°～80°和 80°～90°角。细长纺锤形树冠的下、中、上部侧生分枝,应分别拉到 80°～90°,90°左右和 110°角。这样做的好处是,稳定树势,控制上强,有利于枝组的形成。拉枝时间,以秋季(9 月份)和春季(萌芽后)较好。拉枝要看枝的长度,不够长度拉,即拉枝太早,不利于枝条延伸。如细长纺锤形,其下、中、上层枝,以在 100 厘米,80 厘米,60 厘米长左右时,拉枝较合适。

② **防止上强现象发生** 可采取中央领导干弯曲延伸,疏剪上部旺枝或拉大分枝角度,对中央领导干延长头轻截或不截、多刻芽等方法加以解决。

③ **注意侧枝选留** 要在主枝背斜侧方向选留侧枝,或在剪口下第三、第四芽进行刻芽,促生方位或位置较好的侧枝。

④ **培养枝组** 对壮枝进行连续重截,以形成敦实健壮枝组。对中庸枝进行连续缓放,或对多年长放枝回缩,或采用夏季摘心、秋剪等方法,培养中型枝组。

⑤ **幼树促花** 促花促果较明显的措施是:旺树主干环剥,中庸树环割,夏季对直立旺梢、竞争梢进行扭梢。

⑥ **控制花、果留量** 新红星等品种结果后,树势易弱,要控制过量结果。冬剪时,要疏、缩过多果枝,调整好花芽、叶芽比,使之达到 1：4～5。在疏果时,留果数计算公式如下:

单株留果数 $= 0.2 \times C^2$,

式中 C 为干周厘米数。

⑦ **更新衰老枝组** 冬剪时,细致更新多年生老枝组,留壮枝,上芽回缩;疏剪太弱、太小的短果枝群或背下的小枝组;回缩因结果而下垂的秤钩枝;对于后部有饱满芽的果台枝进行适度回缩。

⑧ **培养新枝组,取代衰老枝组** 一般选直立强枝进行三

芽剪,即留枝条基部三个次饱满芽进行重截。次年形成一个长枝、一个中枝和另一个短枝后,再对长枝进行中截,以利于形成中枝组。待新枝组培养成后,便去掉旁边的老枝组。

3. 金冠系(普通型)的修剪

(1)树形选择 一般选用小冠疏层形或与主栽品种树形相一致。

(2)修剪方法

① **控制花果留量** 该品种易成花、结果,常有大小年发生。每667平方米产量应控制在1 500～3 000千克。在冬季修剪时,盛果期大冠树留花芽2 000个左右,中冠树留1 000个左右,小冠树留400个左右。

② **多截,少疏,少缓** 对一年生细弱枝不剪;对中庸枝采用中截,以形成中枝组。对壮枝采用中截或重截;下一年,对其强枝中截,中庸枝中截,弱枝不截,以形成中大枝组。

③ **更新弱枝组** 对小枝组有能力更新者,回缩到后部好枝壮芽处;无能力更新者可疏除。对中枝组要加以培养,适度回缩,使其保持敦实、健壮状态。

④ **培养健壮的中、小枝组** 对多年生长放枝组,在中前部良好分枝处回缩。部分果枝结果后,要及时回缩于后部强枝处;果台枝若已衰弱,应在其后部有较强果台枝处回缩。在更新复壮的基础上,保持每米骨干枝平均有12～15个枝组。在大、中冠树冠内,大枝组比例不宜超过10%;在小冠树冠内,只保留中、小枝组。从而使树冠通风透光,枝组健壮,结果效率高。

(三) 因树况而修剪

1. 不同结果状况树的修剪

(1)大年树的修剪 大年树,是指当年花芽量特别大,几乎 90％以上的生长点均成花芽的树。对于这一类苹果树,要着重剪除多余的花芽,放手更新一部分中、长果枝(红富士则要多保留中、长果枝结果)。这两类枝被打掉花芽以后,当年易成花,即"以花换花"。同时,还要疏除一部分短果枝花芽,尤其弱的短果枝花芽,使全树的花芽、叶芽比控制在 1∶3～4。因单位面积株数不同,单株留花芽量也不一样,所以可灵活地进行大年树的修剪,但总花芽量不能超过定额。对于内膛一年生中庸枝进行缓放,当年可成花,作为预备枝用。疏除花、果的果台上,大部分果台枝当年能成花(留果总量合适时),也是可靠的预备枝。对于密生、下垂和过弱枝组,可进行重更新或疏除,以便集中营养,改善光照。

　　大年也是树体改造、去除过多大枝的良机。去除几个大枝,一是解决光照,二是控制产量,一举两得。有时,因认不准花芽,冬季可多留一些枝芽,待春季可识别花芽、叶芽时,进行一次复剪。具体剪法是:清理过多的弱枝、弱花芽,回缩冗长、无力的下垂枝组,对串花枝不要轻易回缩,而要待疏花疏果时解决,以增加叶片数量和预备枝。

　　(2)小年树的修剪　因小年树花芽量严重不足,冬剪时,要尽量保留各类果枝,包括腋花芽果枝。要中截中庸发育枝和无花果台枝,促其抽生强枝,减少当年成花量。对于无花枝组,可以放手更新;对于有少量花芽的重叠枝和密生枝组,在保留花芽的前提下,可予以短截或回缩。此外,对认不清花芽而多留的枝,待春季能看出花芽、叶芽时进行复剪。树体改造一般不在小年进行。

　　通过大、小年树不同的剪法,可以缩小大、小年幅度,再结合严格、细致的疏花、疏果,可在相当大的程度上克服大小年现象。

2. 不同树势树的修剪

(1) 强旺树的修剪 这类树多出现在幼树至初果期树之间,但在雨量充沛、温度较高、土质肥沃、地势低洼、短截过重、氮肥过多或灌溉过量的盛果期树也较多见。为缓和树势,促花保果,在修剪上应做到:

一是开张角度。主、侧枝和辅养枝都要分别按树形要求开张到一定的角度。角度开张有利于树枝受光,使枝组丰满,小枝健壮,花芽质量好,坐果率高。开张角度可采用棍撑、绳拉、换头、连三锯、捋枝、拧枝和泥球坠等方法,其最好的方法是绳拉法。

二是骨干枝弯曲延伸,缓和生长势,促进势力平衡。

三是冬剪要实行轻剪长放法,并结合夏季刻芽、环剥与变向,以利于缓势增枝。

四是冬、春季要适当疏剪密生枝,尤其是旺枝。

五是培养枝组用先轻后重(缩)法,效果较好,可尽量多用。

六是尽量保留花芽,改变花芽、叶芽比,使其达到 $1:2\sim3$。

七是加强四季修剪,并尽可能在晚春(萌芽后)修剪,即看清花芽时再修剪。这样,可保留长梢上的顶花芽或腋花芽。夏季应进行促花修剪。其方法是环剥、环割、拉枝变向、扭梢和摘心等。春季,进行刻芽等修剪。秋季,进行拉枝和疏枝。这些都有利于缓势增枝,增加中短枝量,促进成花和结果。

(2) 弱树的修剪 应在加强土肥水管理的基础上,控制过多的花量和留果量,以减少养分消耗,集中营养长树。在修剪上应采取如下措施:

一是骨干枝要尽可能直线延伸,延长枝在饱满芽处中截,调整骨干枝过大的角度。

二是冬剪时,少疏枝,多中截,适当缩剪,促生强枝。

三是冬剪时,对中、长果枝要多打头,少留花芽,特别是弱花芽。按花芽、叶芽比 $1:4\sim5$ 的比例保留花芽。对中、长枝要多中截,以促生强枝和壮芽。

四是停止促花修剪,特别要禁用刻芽和环剥技术。

3. 树冠密度不同树的修剪

(1) 郁闭树和郁闭园的修剪 在一定栽植距离内,树冠大小只能控制在一定范围内。不同栽植密度的苹果树,应确定相宜的树形。

① 树体改造 由于多数果园沿用密植体制和乔化栽培,因而栽后年限不长,果园便群体结构郁闭,行、株间难以通行和进行田间操作。这样的果园,不但生产不出优质果,而且也维持不了多久。因此,必须进行彻底改造,使树体由高变低,由大变小,由圆变扁,由密变稀,使果园枝叶覆盖率在 78% 以下,树冠下部每天有三个小时的直射光,地下花影占 1/3,夏季行间至少有 1 米的通道,为优质果实的生产提供条件。树体改造的方法是:

其一,改用中、小冠树形。其冠体较小,树高不超过 4 米,冠径不超过 3 米。中冠树形有小冠疏层形、小冠开心形和改良纺锤形等,小冠树形有细长纺锤形、矮纺锤形和主干形(优良主干形、松塔形)等。根据实际情况,将原有长不开的树形改为更小的树形,也可将圆形树冠改为扁平树冠,如扁纺锤形或扇形。改形一般需 $2\sim3$ 年完成;改急了,易使树势返旺,改造效果不佳。

其二,结合高接换种改形。如果原砧树太郁密,品种又不好,则需高接换种,并顺便将原树形改为更小的树形。如原砧树为小冠疏层形,高接后,可改为细长纺锤形树冠。其做法是:将原树主枝、大枝一次性疏除后,在中央领导干上距地面80~100厘米处往上,选有一定间距(15~20厘米)的层间辅养枝和大、中枝组(枝轴直径在2~3厘米)的基部,锯留5~10厘米的砧桩,进行枝接。嫁接方法可用劈接、切接和皮下枝接等。将接穗接插在砧桩上部,以便抽出长枝后好拉枝,防止劈裂。全树可嫁接15~20个头。待接枝新梢长到一定长度时再拉枝。下层枝新梢1米长时,可拉成80°~90°角;中部新梢70~80厘米长时,可拉成90°左右的角;上部新梢50~60厘米长时,可拉到100°~120°角。以后的修剪,同细长纺锤形。

② 调控树冠 调控苹果树树冠的方法有下述三种:

其一,以果压冠。结果量对树体生长有明显的抑制作用。为了有效控冠,栽植密度越大,促花结果时间越早。每667平方米栽植33株,33~55株,66~83株或>100株者,应分别于栽后第五、第四、第三和第二年结果。就是说,树冠越大的树形,结果越晚。反之,结果越早。

其二,控制上强与树高。随着栽植密度的加大,树冠横向生长缓慢,升高生长强烈,上部旺枝多,角度小,常形成多头领导或上大下小或上强下弱现象。树冠下部和内膛严重缺光,叶片寄生区增大,外围表面结果现象十分突出,产量低,品质差。为此,要疏除树冠中、上部个别强大分枝,拉平有用的直立枝和大枝组。当树高超过规定高度时,要选一单轴、细长、中庸枝落头,高度在2.5~3.5米之间。

其三,疏除多余大枝。初果期多留的辅养枝,其作用:一是辅养树体;二是增加产量。到盛果期时,因枝组已丰满,结果部位应从辅养枝转移到各类枝组上来,所以要去掉多余的大枝(主要是辅养枝)。去除多余大枝的原则是:去长留短,去大留小,去粗留细,去低留高,去密留稀。去除大枝的步骤和时间为:去除多余大枝应在 3 年内完成,改造应从大年开始。第一年去除量应是去除总量的 40%～50%,第二年应是30%～40%,第三年应是 10%～20%。大枝问题解决后,营养集中,光照改善,枝组健壮,结果正常,品质优良。去大枝的方法有两种:即一次性去除和逐年去除。一次性去大枝,必须考虑到去除大枝后,全树枝量够用,整形也不困难,当年产量也不会降得太多。逐年去大枝,是每年去除 2～3 个大枝(包括离地面太近的主枝),在 2～3 年内完成。两种方法各有所长,要因树制宜。树体经过改造后,单株树和 667 平方米的枝量,均在要求的范围内。

(2)过稀树的修剪 对于栽培过稀的苹果树,主要采用增枝法剪树:

第一,在群体密度稀,树体尚有较大发展空间时,对各骨干枝头要中截。

第二,刻芽。对骨干枝头光秃部位进行春季刻芽,以增加枝量。

第三,对中庸枝、强枝多进行中截,以促生壮枝,形成新枝组。

第四,对衰老枝组要进行适度更新复壮,减轻花、果负担,以复壮枝组势力。

第五,在修剪手法上,以中截为主,少疏枝,少长放,多培养新枝组。

第六,严格控制花、果留量,提高中、大型枝组比例。

第六章　花果管理

一、认识误区和存在问题

（一）认为疏花疏果危险性大

苹果树的产量受诸多因素的影响,有气候因素,有病虫危害,也有人为因素。苹果生产者对疏花疏果的顾虑有:

一是怕疏除花、果后减产,减少当年收入。其实,在花开满树时,花、果疏除量高达 95％～98％才能保证优质。果农大多下不了这个狠心,害怕疏后坐果不高,减产减收,劳民伤财。

二是害怕疏除花、果后,一旦遭遇风灾、雹灾与霜害等自然灾害后会减产。一般认为多留花、果,即使遭遇轻微自然灾害,还有部分花、果幸免,能保住一定的产量。

三是以为多留些花、果,可使树上每果平均分布的害虫量少(虫数/果),果实仍有部分是不遭虫害的。

四是多留果还考虑到卖青果或丢失的损失。

五是怕疏除花、果后,虽然生产出了优质果,但卖不出高价或卖不出去。

上述顾虑不是没有一点道理的。但是,实际情况并非完全是这样。近年来,大量生产实践证明,科学疏除花、果,生产效益十分显著。具体表现如下:

一是能节约宝贵的树体贮藏营养。一株树上有成千上万朵花,在开花过程中,1朵花要消耗1毫克有机态氮素,多余的幼果因受精不良或营养不足而逐渐脱落,直至6月份落果,甚至到采前落果,一株树先后要落掉几千克至几十千克幼果,浪费营养(尤其是贮藏营养)十分严重,如果提前解决多余花、果问题,就等于节省了这部分营养。

二是有利于健壮树体和连年结果。疏花疏果后,会集中全树营养于存留果实、枝叶的生长和成花。据山东省海阳县前望海果园调查,采用以花定果技术后,青香蕉等品种叶片肥厚浓绿,百叶重比对照(未以花定果)增加49.1克,一类短枝占2/3,花芽形成率高。作者在陕西省宝鸡市做试验,表明按干周法疏果的苹果树,其果枝连续结果率,金冠为83.3%,国光为46.0%以上,从而消除了大、小年结果的现象。

三是坐果可靠。据山东省海阳县果业站8年试验,以花定果的苹果树,青香蕉、元帅、金冠、大国光、国光和秋花皮等品种,其花朵坐果率均在95%以上。其中印度、金冠和大国光品种坐果率基本达到100%;元帅、红星、秋花皮和祝光等生理落果严重的品种,疏花后,无生理落果现象。

四是果品质量提高。疏花疏果的苹果树,果个大,等级高。据陈昭文等报道(1992年),元帅系苹果以花定果后,单果重由历年的166~194克增长到210~240克。天水市四十里铺村4公顷以花定果的红星、元帅品种,其一级果率为60%,未以花定果的仅为30%。河南省灵宝市东村园艺场试验报道(1992年),实行严格疏花疏果,一级果率达75%~92%,比前几年未疏花疏果提高20%~30%。天水市四十里铺村张旺旺的红星、元帅苹果,以花定果后,果形指数分别为1.08和1.09,赵社教的元帅为1.06;天水果树所的天汪一号、红矮生、好矮生和红星苹果,以花定果后,果形指数提高

0.04～0.08。果实品质提高后，自然就不难卖；若是批量生产，则更会招来客商。正如俗话所说的那样，有了好花，一定会招来蜜蜂的。

五是果园经济效益显著。果品质量提高后，市场竞争力强，经济效益高而显著。如河南省灵宝市东村园艺场的优质苹果的价格比周围村镇高 1.20 元/千克。1990 年比 1989 年减产 950.5 吨，但因售价高，总收益却比 1989 年增值 21.8 万元（表 6-1）。

表 6-1　东村园艺场以花定果对果品质量和产值的影响

（宁玉良，1992 年）

处　　理	年份	平均价(元/千克)	总产值(万元)	一级果率(%)	增值(万元)
未以花定果	1988	1.53	795.0	56.0	—
	1989	1.40	1158.3	60.1	—
以花定果	1990	2.00	1180.0	75.0	112.1
	1991	2.20	2161.9	92.0	354.3

另据陈昭文报道（1992 年），天水市四十里铺村 4 公顷果园（品种为红星、元帅），1990 年未进行以花定果，总产量为 7.8 万千克，667 平方米产量为 1 300 千克，其各级果产值分别为：

1 级果产值＝7.8 万千克×30％×1.70 元＝39 780 元

2 级果产值＝7.8 万千克×35％×1.50 元＝40 950 元

3 级果产值＝7.8 万千克×35％×1.00 元＝27 300 元

总产值为 108 030 元。

1991 年以花定果，总产量为 8.4 万千克，平均每 667 平方米产量为 1 400 千克，与上年产量相近。其产值为：

1 级果产值＝8.4 万千克×60％×1.70 元＝85 680 元

2 级果产值＝8.4 万千克×35‰×1.50 元＝44 100 元

3 级果产值＝8.4 万千克×5‰×1.00 元＝4 200 元

总产值为 133 980 元。

上述苹果价按 1990 年单价计,1 级果为 1.70 元/千克,2 级果为 1.50 元/千克,3 级果为 1.00 元/千克。

两年相比,1991 年比 1990 年增值 25 950 元,平均每 667 平方米增值 432.5 元,扣除以花定果工费 37.5 元(667 平方米用工 7.5 个,每个工日按 5 元计),则每 667 平方米纯增值 395.0 元,即疏花定果劳动日创值 395.0÷7.5＝52.7 元。所以,无论从哪方面讲,疏花疏果都是有经济效益的。

六是抗灾能力增强。由于疏花疏果后,营养集中,果实生长健壮,抗灾能力有所增强。据陈昭文报道(1992 年),1991 年天水市花后气温偏低,阴雨多湿,寒流侵袭严重,一般果园元帅系坐果率偏低,但疏花的果园各品种坐果率增加 1 倍多(表 6-2)。另据作者试验观察,合理疏果树,果柄粗壮,着生牢固,遇强风落果轻;未疏果树,幼果落满地,影响当年产量。

表 6-2　以花定果对苹果坐果率的影响

处　理	坐　果　率				
	新红星	好矮生	红矮生	天汪一号	金矮生
以花定果	39.2	59.5	35.8	52.4	84.0
未以花定果	12.5	13.5	8.4	21.6	37.3

七是有利于病虫害防治。未疏花疏果树,果多,挤在一起,药打不进,会加剧果实病虫害的发生,如卷叶虫、食心虫。相反,果实稀疏,留下垂单果,有利于喷药均匀,杀死害虫和卵。在良好生态条件下,一只桃小食心虫雌成虫最多可产卵 450 粒以上,一株树上有几百个幼虫,每果上产 1～2 粒卵,只

要有一只雌成虫就可危害全树幼果。所以,最重要的是抓住时机,细致喷药,保全幼果。

(二) 疏除量不够,大小年现象难避免

在疏除花、果时,有的果农总是带着惜果的浓厚感情,不愿多疏,只怕少留,多留比少留更保险。疏除花、果时的主要问题有:

一是留果的保险系数太大。在疏果时,可能也按某种确定树体负载量的方法进行,但不严格到位,留的保险系数超过适宜负载量30%以上,而树体只能调节15%左右,所以,达不到调节大小年的目的。

二是漏疏量大。由于疏除不按枝序进行,而是只在花、果多的部位进行粗略的疏除;对于眼看不见、手够不到处,就放任不管了,实际花、果留量严重超标。

三是疏除后,不复查树上留果量,往往由于人们受爱惜花果心理的支配,把病虫果、畸形果、小果、密生果、双果和三果都大量地留在树上,给优质生产带来不利影响。

(三) 不能灵活疏花疏果

这方面的主要问题有:

一是不看品种和树势。对各品种一律看待,虽然疏除方法一样,但效果差别很大。坐果率高的品种可能超产,坐果率低的品种也许减产。对于同一个品种,树势强的坐果好,过旺、过弱树坐果都差。因此,要根据树势的不同,确定不同数量的留果。

二是不看天气状况。如果疏花疏果后遇到霜冻,坐果会显著减少,影响当年产量。所以,看天气预报进行疏除是十分

重要的。

三是不依病虫害情况疏花留果。如腐烂病严重的树宜少留和不留果，否则，会加重病害，削弱树势。花期有东方金龟子为害时，应轻疏花。在无袋栽培条件下，食心虫危害也会损失一些幼果。因此，应从实际情况出发，适当加大保险系数，适当多留一些幼果。

（四）嫌辅助授粉太麻烦

苹果树绝大多数需异花授粉。在授粉树配置不足的情况下，进行人工或昆虫授粉可以显著提高坐果率和当年的产量与质量。先进果区已普遍采用此项技术，可是一部分果区和一些果农还不能采用此项技术，其主要问题有：

一是认为辅助授粉费事、费工、费钱，过去多年未搞，也能有较好的产量。殊不知在灾害年、小年辅助授粉就显得十分重要了。

二是劳力紧张，资金困难，无钱无工搞人工授粉。虽然对辅助授粉有一定认识，但迫于果园面积大，劳力紧张，经济上不宽裕，雇人有困难，因此，不能进行人工授粉。这种情况比较多见。

三是不懂辅助授粉技术。比如不会采花、取花粉和配制技术，也有的想购买现成花粉，但不知到哪里购买。这是实际困难。但只要加强学习，认真实践，就可以解决困难。

（五）难题面前望而却步

这方面的问题主要是：

一是感到新技术难掌握。新技术往往需要几年的熟悉过程，只有个别专业户可以实施。通过实践证明，这种优质新技术是不难掌握的。有的专业户一年,最多两年便可基本学会。如整形修剪技术,只是多用疏、放手法,几分钟可看懂,一人一天可修剪 667 平方米的盛果期树,一个冬天便可熟练掌握。至于土肥水技术比以前更简化。如土粪施用深度在 0～60 厘米,灌水可用管道灌和渗灌,既省水,又快捷,效果还好。花、果管理,按距离留果,十分机械,套袋也好掌握,摘叶、转果等常规技术也容易学会。

二是觉得投资多,难达到。优质果生产投入多,但效益高,产出投入比在丰产期高达 4∶1,少者也在 2∶1。如果全园难实行,起码也应搞全园的几分之一做尝试,待成功以后,再扩大。如果经济有困难,也可贷款解决。

三是担心苹果卖不出去。如果不是规模生产优质果,只是单家独户随大流,就很难达到优质优价。但是,只要搞好宣传,市场是识货的。如作者在北京顺义区和丰台区,2004 年各支持一个苹果专业户,在生产优质果的基础上,注入 SOD 酶,每 250 克苹果含 4 000 个酶活单位,单果包装,6 盒一个大包装,每大盒售价 60 元。这两位专业户采收前各搞了一次新闻发布会,请政府官员、技术专家、新闻媒体等参加,会后消息见报。结果,这些高价果被一抢而空,这两家专业户收获颇丰。事实证明,市场向优质果开放,优质果是不会积压的。

二、提高花果管理效益的方法

(一) 辅助授粉

1. 人工授粉和放蜂授粉的必要性

(1) 人工授粉的效果　在果园缺乏授粉树,花期天气条件又不好时,采用人工辅助授粉,通过点授或机械喷粉、液体授粉,可提高花朵坐果率15%～50%,确保当年产量。

(2)放蜂授粉的效果 放蜂授粉,一是能节省劳力,并使授粉部位全面周到。二是能增大果个。由于授粉充分,种子数增多2～3粒,单果重可增加10～30克以上,红富士端正果率提高23.6%。三是能增加坐果和产量。如在山东威海和陕西礼泉,放蜂授粉后,红富士苹果生理落果减少32.9%,产量增加10%～100%。四是能减轻霜害。放蜂区平均减轻受冻率40%,离蜂箱越近,坐果率越高。五是能提高经济效益。释放壁蜂,每667平方米可增收160～300元,几乎占果园纯收入的1/10～2/10,其产出投入比为5～7∶1;释放蜜蜂,一箱蜜蜂可为0.5公顷果园授粉。

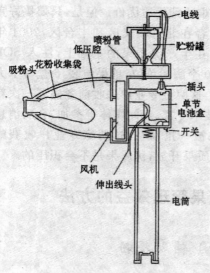

图6-1 电动采粉授粉器

2. 人工辅助授粉技术

(1)收集花粉 收集花粉的方法有两种:一种是利用电动采粉授粉器(图6-1),直接对准授粉树的花,将花粉吸入到采集器中;另一种是人工采花,取下花药,在20℃～25℃条件下阴干,过1～2天花药开裂后,取出花粉,收于玻璃瓶中备用。

(2)机械授粉法 将花粉与滑石粉按1:5的比例混匀,装入电动授粉器的花粉瓶中,随着电动旋杆的转动,均匀喷出花粉,喷头距花朵20厘米左右为好,其工作效率为人工点授的40倍以上。

(3)人工点授法 将花粉与滑石粉(或干淀粉)按1:2~5的比例混匀备用。用纸棒、小毛笔、橡皮头或气门芯,蘸取配好的花粉(装在小瓶内),点授到刚开放的柱头上。每蘸一次可点5~7朵花。点授以中心花为主,还可点1~2朵边花。

(4)液体授粉法 适用于大面积果园。进行液体授粉,首先要配制花粉液。配制时,将蔗糖250克、水5升和尿素15克拌匀,配成5%的糖尿液,再加干花粉10~12.5克,调匀,用2~3层纱布滤去杂质。喷前,加硼酸5克和"6501"展着剂5毫升,搅匀后即可喷布。喷布最佳时期是,全园有一半以上的苹果树每株有60%的花开放时。一株大苹果树需喷花粉液100~150克。

3. 释放蜜蜂授粉的技术

在苹果花期,每4~6×667平方米果园面积放一群蜂,蜂群间距350~400米,每群蜂约有蜜蜂8 000只,每天约有1/3的工蜂外出访花采蜜,其中,采花粉蜂约占1/3,即1 000只左右。每只蜂在每朵花上采粉停留时间约5秒钟,即每只蜂每小时可访花700朵左右,每群蜂每小时可访花70万朵。一般每公顷栽苹果树750株左右,每株有花序1 000~1 500个,共有花序5万~7.5万个,每个花序平均有5朵花,每公顷约有25万~37.5万朵花。每天每株树上只要有5~10头蜂,便可将盛开的花采粉一遍。利用蜜蜂传粉,果园内要有配置合理的授粉树,并且在花期要禁用杀虫剂。有的苹果园授粉树数量不足,也可将配制好的花粉放在蜂箱口处,让蜜蜂飞出时携带走。大致一箱蜂可为 0.5 公顷的果园授粉,其授粉半径以 40～80 米为最好。

4. 释放壁蜂授粉的技术

壁蜂是独栖的野生花蜂,其中有角额壁蜂、凹唇壁蜂、紫壁蜂和圆蓝壁蜂等。近年,我国从国外引进壁蜂为果树授粉,效果较好。与蜜蜂相比,其访花速度快,每分钟可访花 7～16 朵,其授粉能力是意大利蜂的 80 倍;出巢访花时间长,蜜蜂在 17℃时出巢,个别强蜂开始访花,20℃～25℃访花活跃,30℃时最活跃,当气温＜17℃或＞35℃时,活动能力下降。而角额壁蜂在白天气温达 14℃～15℃时开始出巢访花,凹唇壁蜂在 12℃～13℃时便出巢访花,从 9 时 30 分至 18 时 30 分,连续工作 9 小时。壁蜂有效活动范围为 40～50 米,每 667 平方米放蜂 60～100 头,若在棚室内则可放蜂 500～1 000 头。在花前 5～7 天放出蜂茧。提高放蜂回收率的管理技术是:

(1) **壁蜂巢管制作** 巢管可用报纸、书刊或苇子段制作,长度一般为 10～20 厘米不等,内径为 4～6.5 毫米不等。每 20 根扎一捆,巢管底口用厚的牛皮纸封住。巢管开口端应参差不齐,以利壁蜂认巢。巢管数量应是壁蜂的 2～3 倍。

(2) **蜂茧的存放与预冷** 将收回的巢管成捆放在麻丝网袋内,挂在无烟的空房中。开花前 2 个月破巢管取茧,挑出寄生蜂后,将蜂茧装入无味的广口瓶中,用细网布扎瓶口,置冰箱内,冷藏,将温控器调至 2～3 档之间。千万注意,不是冷冻!

(3) **放蜂时间** 个别苹果花开放时,放第一批蜂。以后,隔一天放一批蜂,连放三批。每 667 平方米放蜂 500 头以上,不必对苹果花进行人工授粉。在壁蜂工作期间,要经常在蜂箱旁人工捕捉寄生蜂。

(4) 蜂箱制作与摆放　蜂箱用纸箱或发泡预制箱均可。形似长方形,一面开口,大小不限,深度为 30 厘米以上,上盖要探出 20 厘米,符合壁蜂隐蔽处做茧的习性。纸箱要外包塑料膜,以防风雨。每 30～40 米远放一个蜂箱,平放或起架放均可。要求蜂箱前空间大,并提前种些油菜、萝卜和白菜头等,以便弥补苹果开花前的花源不足,吸引壁蜂不远飞觅花。蜂箱不宜搬动,待落花后一起收回。

(5) 泥坑制作与管理　在离蜂箱近的地方挖坑,长、宽各 25 厘米,下为黏土最好。若是砂土,则应在坑内装半筐稀泥。挖坑前,把堰下渠灌上水。坑挖好后,加上两桶水,待水渗入后,用细棍从坑底四周向坑帮横划缝并做洞。砂土坑装稀泥后,特意垒成缝或做洞,以吸引壁蜂进洞采湿泥。壁蜂喜半干半湿的细土,若坑内太干,傍晚可加水润湿。

（二）配置授粉树

1. 配置比例

建园时,要求授粉树与主栽品种的比例为 1：4～8。在两个品种互为授粉树时,可按 1：1 栽植。在栽植 3 倍体品种时,其授粉树必须栽两个品种以上,并且使它们之间可以相互授粉。

2. 栽植方式

栽植授粉树有以下四种方式:

(1) 中心式　一株授粉树周围栽八株主栽树,授粉树占果园总株数的 11.1%。这种形式适于授粉树少,正方形栽植的果园(图 6-2)。

(2) 少量式　每隔 3～4 行主栽树,栽 1～2 行授粉树,授粉树占果园总株数的 20%～33%。这种方式适于授粉树少、

```
××××××      ××O××O      ××OO××      O××△△O
×O××O×      ××O××O      ××OO××      O××△△O
××××××      ××O××O      ××OO××      O××△△O
××××××      ××O××O      ××OO××      O××△△O
×O××O×      ××O××O      ××OO××      O××△△O
××××××      ××O××O      ××OO××      O××△△O

    1            2            3            4
```

图 6-2　苹果授粉树配置方式

1. 中心式　2. 少量式　3. 等量式　4. 复合式

大面积栽植的果园。

(3)等量式　授粉树与主栽树各占一半,2～3 行相间排列,适于授粉品种和主栽品种都有较高经济价值的情况。

(4)复合式　在两个品种不能相互授粉或花期不遇时,要栽第三个品种进行授粉,如乔纳金或北斗园。可以三三制配比,顺序排列均可。

3. 辅助措施

在授粉树不足时,可利用部分主栽品种作砧树,高接经济价值高的品种,使之达到需要的比例。具体安排可参考中心式或少量式等方式加以调整。

（三）合理负载

1. 确定适宜的果实负载量

在一定的生态和管理条件下,一定的树体大小、枝条数量、营养水平,只能有一定的结果负载能力。一般说,在中纬度地区,苹果树叶片光能利用率只有 0.122%,其适宜的理论产量是每 667 平方米产量 1 666.7 千克,生产上最多是 3 000千克。超过或低于树体适宜负载量,都会产生不良后果,如树势返旺,树势不平衡,或大小年现象严重,病虫害猖獗,树势衰弱,经济寿命短。当前,生产目标是优质、高效,提倡"定量生产,单果管理,确保全优,稳产多收"。在当前市场果品竞争十分激烈的形势下,苹果树限产增质更为重要。合理的果实负载量,要根据下述情况而定:

(1)果树年龄时期 幼树至初果期,要以长树、整形为主,兼顾结果,负载量宜严格控制,以培养好骨架,防止出现"小老树"。盛果期要适量结果,按一般标准留果,力争稳产和优质。

(2)树势强弱 树健壮,负载量宜大,以果压冠,缓和生长势。反之,树势弱,要少留花、果,以恢复树势。

(3)品种特性 坐果率低的品种应适当多留花、果,使之具有一定的保险系数。反之,应适当减少花、果留量。

(4)栽培管理水平 土肥水条件好的苹果园,负载量可相对加大。反之,应减轻负载。

(5)树冠大小 苹果树冠幅大,枝量多,其负载量宜大。反之,宜小些。

(6)灾害天气多少 灾害天气频繁,应多留花、果。反之,宜少留。

具体到一株苹果树到底应留多少个果子呢? 可用干周法加以确定。干周法留果,就是以苹果主干中部的周长来确定负载量,计算简单易行。其公式为:

$$Y = 0.2 \times C^2$$

式中:Y 为单株留果数,C 为干周(单位为厘米)。

在树上选好果,留够应留果数,余者皆疏除。然后,根据树势和地力情况加以调节。树势强,地力好的,可增加 5% 的留量。比如是 180 个果,增加 5%,就是增加 9 个果,总留果量为 189 个。若树势弱,土壤肥力差,则应减 9 个,为 171 个果。这样可能更接近适宜负载量。

2. 人工疏除法

人工疏花疏果虽然费工,速度也慢,但可以酌情处理,易于掌握。

(1)以花定果法 以花定果法,是在距离疏果法基础上进一步发展起来的,可以把疏果工作提前进行,变为疏花序和疏花蕾。具体做法是:在花序分离期,依树势和品种特性,按20～25厘米间距留一个花序的标准,选留好花序,而将其余花序疏除。对留下来的花序,在花期天气好、坐果可靠的情况下,只留中心花,而将其余的边花全部疏去。在花期天气条件不良、坐果没把握的情况下,除留中心花外,还应留下1～2个好的边花。以花定果的时间,应在花序分离期至开花前。

以花定果,要有几个前提条件:果园有配置合理的授粉树,并对保留的花全部实行人工授粉或壁蜂授粉;树势健壮,花芽饱满;冬剪细致,留枝量合理。为了保证优质,每667平方米的留枝量以6万～8万条为宜。

以花定果具有以下好处:优质果率高达85%以上;稳定产量,树体健壮,抗病力强。在疏蕾、疏花时,枝叶尚少,视域清楚,进度快,不易遗漏,相对于疏果而言,比较省工。

(2)距离法 在确定总负载量的情况下,应均匀、合理地将这些果实分摊于全树各结果部位。在完成这一任务的过程中,可操作性强、比较适用的方法就是距离法,即每隔一定的距离疏花、疏果与留果。红富士间隔25厘米左右留一个果,新红星间隔20厘米留一个果。疏果时,要注意保留单果、大果、下垂果、健康果、端正果和均匀果。

(3)留有余地法 在历年坐果不太可靠的地区,疏花要留出20%～30%的余地。如全树先保留花丛,每丛留下中心花和 1～2 朵边花,待花谢 20 天以后,再选好果留下。疏果留果时,可以是每个果丛留一单果,或隔一定距离留一单果,全树应多留 10% 左右的果实,以防发生不测情况时造成减产。

(4)留果技术 疏花疏果时,要掌握好以下的留果技术:

第一,花、果疏除程序。应先疏大树的花果,后疏小树的花果。先疏弱树的花果,后疏强树的花果。先疏花果多的树,后疏花果少的树。先疏骨干枝上的花果,后疏辅养枝上的花果。在同一株树上,应先疏上面的花果,后疏下面的花果;先疏外膛的花果,后疏内膛的花果;先疏顶花芽的花果,后疏腋花芽的花果。为避免漏疏,应按自然枝序顺序疏除,循序渐进,准确无误,均匀周到。

第二,要因品种而异。先疏开花早、坐果率低的品种,后疏开花晚、坐果率高的品种。

第三,要因树势、枝势和枝条状况而异。树势、枝势强者多留花果。反之,少留花果;一般品种短果枝多留花果,中、长枝少留花果。红富士品种应多留中、长枝和有一定枝轴长度的短果枝的果,以利于果形高桩和端正。

第四,要仔细定果。定果时,要去除病虫果、密生果、朝天果、小果、偏斜果和畸形果等,使保留的果实都能长成外观理想的大果实。

第五,幼果果形判断。要尽可能选留果肩平整的果实。这种果实既能长成大果,又能长成果形端正的果实,而果肩不平整,带肉质柄的畸形幼果,长到成熟时,必然长成小果、偏斜果和畸形果。

3. 化学疏除法

化学疏除法,适用于大面积苹果园。由于其效果不够稳定,我国近年用得很少,故本书不作介绍。

（四）果实套袋

1. 苹果套袋的意义

(1) 提高果面光洁度 套袋果果点少而浅，果锈轻，裂果少，商品性好。如套袋红富士果，梗锈超果肩者仅占 2.1%，而对照则为 41.3%。果点破裂率，套袋果为 0，而对照则为 40.5%。

(2) 降低病虫果率 套袋苹果的病虫率比对照降低 98.7%，可避免桃小食心虫和梨小食心虫等蛀果害虫和苹果小卷叶虫等食叶类害虫危害。套袋苹果的轮纹烂果病率多在 0.5%～2.5%，而未套袋果则为 20%～50%。可见，套袋明显提高了好果率。

(3) 减少农药残留和污染 套袋后，不但有效避免了果面与农药的接触机会，而且还能减少打药次数（2～4 次）和用药量，因而使果实农药残留量明显减少。如套袋红富士苹果表面的水胺硫磷残留量仅为不套果的 18.2%；金冠套袋果内甲基对硫磷含量比不套袋果降低 39.9%～78.9%。

(4) 提高果实贮藏性 套纸袋果硬度高于不套袋果，加之套袋后，果实皮孔未破裂，角质层均匀，不易失水皱皮，贮藏病害轻，因而贮期可延长 1～2 个月。

(5) 减轻雹灾损伤 套袋后，果实得到了保护，遇到轻微雹灾后可以减轻损伤。2005 年，北京丰台区王佐镇南岗洼王新红富士园套完小林纸袋后，遭 20 分钟轻微雹子袭击，减轻损失 40% 左右。

(6) 经济效益好 据近年果价计算，套一个优质双层纸袋可增值 0.30～0.50 元，套一个优质膜袋可增值 0.10～0.30 元。由于套袋果烂果轻，优质果率高，因而 667 平方米可增值

1 000～5 000 元,其产出投入比为 6～10∶1。如今,套袋技术已普及推广。

果实套袋虽然有上述优点,但也不可否认,套袋也出现一些值得注意的问题。与无袋栽培相比,其内质下降,风味偏淡,果袋质量差而使日灼果率增加,生理病害(缺钙、缺硼等)增多,如痘斑病、苦痘病、水心病、缩果病和裂口病等。另外,黑点病、红点病和喜阴害虫(康氏粉蚧的虫果率可达 6%～9%)等也发生较多,使果实受害,造成一定的损失。套袋技术不过关,以及在高温期套袋等,也都会伤害一部分果实。

2. 套袋时期

套塑膜袋应在花后 15～20 天套完;套纸袋应在落花后 35～50 天结束。早套袋有利于果面光洁,褪绿好,但果个受影响。然而果袋套得过晚,虽然果个不受多大影响,但果面光洁度和褪绿较差,对果实的商品价值造成不利的影响。

3. 套袋成功的诀窍

(1)果实套袋树和套袋果的选择 在生产上,不是什么树和任何果都可以套袋的。要求选择树势健壮、树体通风透光、枝类比适宜的苹果树,进行果实套袋;选择果枝粗壮、单轴下垂、果量适宜、分布均匀、个大端正和无病虫害的果进行套袋。每 667 平方米套袋 10 000 个左右,将未套袋剩余幼果全部疏除,即实行全套袋栽培。

(2)套袋前对植株喷药补肥 花后至套袋前,给要进行果实套袋的苹果树打 2～3 遍杀虫杀菌剂,其中套袋前打一遍多抗霉素,对防治果实黑点病和叶片斑点落叶病非常有效。结合喷药,追施高效钙、氨基酸钙和硼酸等肥料,还可喷两次氨基酸复合微肥等。药液干后,即可套袋。

(3)增施肥水 套袋栽培,要求增施磷、钾肥,氮、磷、钾肥比例以 5：4：6 较好。每生产 100 千克果,需纯氮 1 千克,有效磷 0.8 千克,有效钾 1.2 千克。套袋前后进行地面灌溉,有助于减少日烧(灼)病的发生。

(4) 选好套袋、摘袋时间 花后 35 天,该套纸袋时,正赶上 35℃高温天气,推迟 5～10 日再套袋也不迟。在雹灾频发区,应提早时间套袋。如 10 月上旬为高温、高湿天气,果面易生黑点、锈斑和煤污病等,可提前摘袋。

4. 果袋选择

(1) 根据市场需求和果农经济基础选果袋 当前,提倡全园、全树的果实全套袋栽培。要生产高档果,就必须套优质双层纸袋;中档果套中档双层纸袋;一般果套单、双层低档纸袋或塑膜袋。果农经济条件好的,应多套优质果袋。

(2) 因果选袋 红富士苹果应套外黄白内黑的双层纸袋,或外层袋外灰内黑、内层袋为红色的双层纸袋;红王将和富士着色系品种可用单层袋或双层袋,早生富士也可套膜袋。

(3) 因生态条件选袋 西北黄土高原果区,红富士苹果套单层或双层纸袋,甚至套优质膜袋,着色很好。在渤海湾果区,因秋雨多,温差小,着色差,必须套双层优质果袋。在黄河故道果区,高温多雨,需选用透水透气性好的纸袋或膜袋。目前,较好的纸袋有小林袋、爱农袋、森全和凯祥等品牌;较好的膜袋有惠阳、晨阳和果友等品牌。膜加纸袋,只有惠阳产品在丘陵山地表现较好。

5. 套袋方法

套纸袋前,先用水将纸袋口浸湿,以利于扎口。套袋时,将纸袋鼓起,套在果的上方,使果居袋中央,扎紧袋口。套膜袋时,吹开袋子,鼓开排水孔,将幼果套在袋中央,扎紧袋口。

6. 摘袋时间与摘袋方法

对于膜袋来说,不存在采前摘除的问题。而对于纸袋来说,都有个适时摘袋的问题。一般采前 20～30 天摘外袋,再隔 4～7 个晴天摘除内袋。有的果袋两层粘在一起,要求一次性摘除。

在秋季少雨地区,摘袋后到 10 月中下旬采收前几乎不下雨,天气较干燥,可不喷药;而在多雨地区,还需喷一次杀菌剂保护果面。

（五）其他方法

1. 摘叶、转果和铺反光膜

红富士等品种的果实,需直射光才能着色。因此,在摘袋前 1 周,应先摘除果台枝附近 5～8 厘米范围内的遮光叶,10 天后,剪除内膛直立枝、徒长枝和密生枝,同时疏剪外围新梢,以改进果面受光状况。摘叶时,要留下叶柄,摘叶量应控制在全树总叶量的 14％～30％范围内。摘叶可提高果实着色面积 15％左右。

转果,可使果面消除阴面,达到全面着色。摘叶后 5～6 天,晴天在下午 2～3 时后进行转果较好,阴天可全天进行转果。转果时,用手轻托果实,轻轻转果,将阴面转到阳面,贴靠于树枝上。若是自由悬垂果不好固定时,也可用透明胶条加以固定。转果可使果实着色指数平均增加 20％左右。转果劳力每 667 平方米需要 3～4 个,其产出投入比为 10：1 左右。无论套袋与否,摘叶、转果技术都应坚持进行。

铺反光膜,对改善树冠地面反射光有重要作用,特别是对树冠离地 2 米以下果实的萼洼及其周围着色效果十分明显。在摘袋后,在树盘内外均应铺严,每 667 平方米需铺 300～

500平方米,膜的四周要用石块、砖头压住,以防风吹。铺膜时,不要拉得过紧,以防撕裂。铺好后,要经常打扫膜面灰尘,捡走枯枝落叶。此项技术要求树冠稀疏、透光性好,适于进行摘叶、转果的果园配套应用,效果显著。在山区,苹果着色率可提高45%～65%,叶片叶绿素含量提高60%以上,果实含糖量和花青苷分别比对照提高1.6%和2倍多,下垂果萼洼着色率可达98%左右,全红果率达85%,而对照果相应为1%和0。总的来看,铺反光膜的增色效果,坡地好于平地,南北行好于东西行。

从经济效益看,铺反光膜后,每千克红富士苹果可增值0.5～1.0元,每667平方米可增值3 000～6 000元,其产出投入比为20～40:1,经济效益非常好。

2. 喷布PBO新型果树叶面肥

据生产实践证明,PBO对优果作用十分明显。在5月中旬至6月上旬和7月下旬至8月上旬,各喷一次PBO液,旺树用200倍液,中庸树用300倍液,弱树不喷。其效果是:红富士苹果单果重增加45%～59%,果实含糖量由15%增加到19%,全红果率由35%提高到95%,且光洁度好。苹果早熟12～15天,而且成熟期一致,商品性好。其经济效益高,每667平方米投入60元左右,可增收1 600～1 800元,产出投入比为40～70:1。因此,近年来,各果区普遍应用,深受欢迎。

第七章　病虫害防治

一、认识误区和存在问题

果树病虫害的防治,是保证果树产量和质量的关键措施之一。但由于果农掌握的防治技术不够准确,不少果农在果树病虫害防治中,每年投入大量农药,病虫害却没有得到有效的控制。既浪费了人力,又增加了成本,减少了收益,而且造成了不必要的环境污染。究其原因主要集中在以下几个环节:

(一)不进行预测预报

果农缺乏预测预报技术,未掌握病虫害的发生规律,仅凭感觉施药,很难有效地控制病虫害。病虫害防治重在预防,重在病虫发生前、发生初期展开相应的防治措施。但是,由于对病虫害发生的规律缺乏了解,抓不住从苹果采收后到发芽前的有利时机,更没有认真清除病枝(叶)、杂草,因而丧失了从源头上控制、消灭病虫的大好时机。人们往往在病虫盛发前不注意,总是等到病虫暴发成灾,已造成了明显的危害,才进行防治。由于错过了最佳防治时期,结果对病虫危害难以控制,增加了防治的难度。

(二)盲目用药

有的果农用药盲目性大,不能"对症"用药。各种农药都有一定的防治对象,每种防治对象对不同农药以及同种农药的不同剂型,均有不同的反应。这就要求根据病虫发生种类、形态特征、栖息及危害特点、抗性特征等,选用适宜的农药品种和剂型,采用相应的施药方法进行防治。可实际上往往是家里有什么药,就用什么药;别人用什么药,自己也用什么药;什么药毒性大,就用什么药;乱混药,每次防病时都带杀虫剂,治虫时都带杀菌剂,并且多种杀菌杀虫剂混喷。这样,既增加了生产成本,又杀伤了害虫的天敌,结果既不能控制虫害的发生,又不利于树体生长发育。还有的人在苹果园局部甚至一株树发生病虫害时,即全园打药,也是不恰当的。

(三) 对综合防治重视不够

在苹果病虫害防治中,果农不重视病虫害综合防治措施。认为化学防治能"立竿见影",高效、迅速。实际上,其他措施若运用得当,也非常有效。但人们为了片面追求防治效果,不论是什么病虫,也不论是什么时期,都首选高毒农药甚至剧毒农药,采用尽可能大的浓度和剂量,结果导致植株产生药害,农药残留超标,环境污染,病虫害产生抗药性,对人类的安全造成严重威胁。

二、提高病虫害防治效益的方法

(一) 从实际出发进行防治

1. 根据病虫种类的不同进行防治

各种苹果病虫害,均有其自身的发生规律和发生时期,只有适时防治才能保证防治效果。例如在黄河故道产区,对轮纹病和炭疽病,于落花后半个月喷第一遍药,及时保护幼果。以后结合防治早期落叶病,在麦收前、收麦后连续喷药五六次。第一次使用多菌灵,以后与波尔多液轮换交替使用。对枝干轮纹病和腐烂病,于发芽前在病部和干死皮部位涂刷福美胂,铲除菌源。腐烂病斑刮治后,用福美胂涂治,防止复发。对于梨小食心虫,于落花后用性诱剂和果醋诱杀成虫。

2. 根据所处地区的不同进行防治

我国苹果栽培范围十分广泛,主要集中在渤海湾(鲁、冀、辽、京、津)、西北黄土高原(陕、甘、晋、宁、青)和黄河故道(豫、苏、皖)三大产区。各主产区苹果病虫害发生及危害不尽相同,其防治也应因地制宜。渤海湾地区苹果栽培历史悠久,管理经验丰富,病虫害防治水平较高,果园病虫害种类比较单纯。其主要病虫害有苹果树腐烂病、早期落叶病、轮纹病、白粉病、桃蛀果蛾、苹果树叶螨(以苹果全爪螨、山楂叶螨为主)、卷叶虫、蚜虫和金纹细蛾等。西北黄土高原产区,夏季气温较高,降雨分布不均匀,多干旱,病虫害的发生及危害较轻。主要病虫害有白粉病、苹果树腐烂病、早期落叶病、霉心病、卷叶虫、蚜虫、山楂叶螨和桃蛀果蛾。黄河故道产区,苹果生长季节较长,夏季高温多湿,冬季气温偏高,有利于苹果病虫发生,危害较重。主要病虫害有果实轮纹病、炭疽病、枝干轮纹病、早期落叶病、梨小食心虫、桃蛀果蛾、蚜虫、梨花网蝽、康氏粉蚧、山楂叶螨和卷叶虫等,以病害尤其是果实病害对苹果产量和质量影响最大。防治时,要有的放矢,对症下药。

3. 根据所处季节的不同进行防治

在不同季节,苹果园病虫发生的种类不尽相同。为此,应做到在什么季节就防治什么季节发生的病虫害。根据苹果生长发育时期(即物候期),可将一年划分为萌芽前、萌芽至开花前、幼果期、花芽分化至果实膨大期、果实迅速膨大期、果实着色至采收、落叶至休眠期等七个关键防治时期。萌芽前，主要防治苹果枝干轮纹病、腐烂病、干腐病和越冬代害虫。萌芽至开花前，重点防治苹果枝干轮纹病、腐烂病、干腐病、果实霉心病、白粉病、苹果瘤蚜、绣线菊蚜和卷叶虫等。在幼果期，主要防治果实轮纹病、炭疽病、早期落叶病、叶螨、蚜虫、卷叶虫和金纹细蛾等。花芽分化至果实膨大期，主要防治果实轮纹病、炭疽病、褐斑病、斑点落叶病、桃蛀果蛾、叶螨和二斑叶螨等。果实迅速膨大期，主要防治果实轮纹病、炭疽病、褐斑病、斑点落叶病和叶螨等。果实着色至采收期，主要防治果实轮纹病、炭疽病和桃蛀果蛾等。落叶至休眠期，主要防治落叶中的越冬病原与害虫。

（二）加强病虫害的预测预报

苹果园的病虫害防治工作，主要是采用各种有效方法，控制病虫害的发生和蔓延，使果树正常生长和结果，保证苹果的产量和质量，延长果树寿命和有效结果年限。为及时有效地防治病虫害，应掌握病虫害的发生规律，开展预测预报，做到有的放矢，对症下药。所谓预测预报，是指根据病虫的生活习性和发生规律，预测其发生、发展趋势，为采取防治措施，有效控制病虫为害提供科学依据。如果不管病虫情况轻重，盲目用药，即使每年喷十几遍药，也难保防治效果。只有搞好预测预报，才能抓住关键防治时期，掌握病虫害防治主动权，减少喷药次数，降低成本，提高防治效果，减少农药污染。

病虫测报已成为适时、大面积防治的重要依据。例如，山楂红蜘蛛出蛰的高峰（一般为国光苹果花序开绽期），是喷药防治的关键时期；桃小食心虫的防治，一定要掌握在幼虫出土期于地面撒药防治;卷叶虫在幼龄幼虫期进行防治,效果更好。我国对苹果桃小食心虫的适期药剂防治,制定了《桃小食心虫的防治标准》(NY/T 60—1987),提出在成虫发生期开始调查卵果率,根据防治指标(表 7-1)适时进行树上防治。在苹果园的生产管理中,可参照此做法,认真搞好桃小食心虫及其他害虫的测报和防治工作。

表7-1　桃小食心虫防治指标

防治指标	符合防治指标的苹果产量（千克/667 米²）		防治环节
卵果率（%）	国　光	金　冠	
1.8	800 以下	800 以下	树下不防治,进行树上防治
1.5	800～1000	800～1000	
1.3	1001～1200	1001～1200	
1.0	1201～1600	1201～1500	
0.7	1601～2600	1501～2200	
0.5	2601 以上	2201 以上	
1.8	1000 以下	1100 以下	树下、树上均防治
1.5	1000～1300	1100～1400	
1.3	1301～1500	1401～1600	
1.0	1501～2000	1601～2200	
0.7	2001～3200	2201～3300	
0.5	3201 以上	3301 以上	

　　注:国光苹果代表 10 月以后采收的晚熟苹果品种;金冠苹果代表 8 月中旬至 9 月下旬采收的中晚熟苹果品种

（三）合理使用农药

1. 农药使用原则

为确保防治效果,使残留量不超过国家标准规定的最大

残留限量(表 7-2)和减少环境污染,化学农药的使用应遵循如下四条原则:

一是根据病虫预测预报和消长规律适时喷药。病虫危害在经济阈值以下时尽量不喷药。

二是要根据施药部位,准确用药,并力求均匀周到。

三是按照规定的浓度、每季最多使用次数和安全间隔期要求使用,不随意提高施药浓度,以免增加害虫的抗药性,必要时可更换农药品种。

四是为提高药效、防止害虫对农药产生抗性,不要连续单一使用同一种农药,提倡不同类型农药的交替使用和合理混用。

表 7-2　我国苹果农药最大残留限量
摘自中华人民共和国国家标准
《食品中农药最大残留限量》(GB 2763—2005)

农　药	最大残留限量(mg/kg)	农　药	最大残留限量(mg/kg)
百菌清	1	多效唑	0.5
倍硫磷	0.05 [1]	二苯胺	5
苯丁锡	5	氟硅唑	0.2
草甘膦	0.1	氟氯氰菊酯	0.5
除虫脲	1	氟氰戊菊酯	0.5
代森锰锌	5 [2]	甲基对硫磷	0.01 [5]
单甲脒	0.5	甲氰菊酯	5.0
滴滴涕	0.05 [3]	克菌丹	15
敌百虫	0.1	克螨特	5
敌敌畏	0.2	乐　果	1 [6]
毒死蜱	1	联苯菊酯	0.5
对硫磷	0.01 [4]	硫　丹	1 [7]

农　药	最大残留限量（mg/kg）	农　药	最大残留限量（mg/kg）
多菌灵	3	氯苯嘧啶醇	0.3
六六六	0.05⑧	双甲脒	0.5
氯氟氰菊酯	0.2⑨	顺式氰戊菊酯	1
氯菊酯	2	四螨嗪	0.5
氯氰菊酯	2⑨	烯唑醇	0.1
马拉硫磷	2	辛硫磷	0.05
灭多威	2⑩	溴螨酯	2
氰戊菊酯	0.2	溴氰菊酯	0.1
噻螨酮	0.5	蚜灭磷	1
三氯杀螨醇	1⑪	乙酰甲胺磷	0.5
三唑酮	0.5	异菌脲	5
三唑锡	2	唑螨酯	0.5
杀螟硫磷	0.5		

注：①倍硫磷、其氧类似物及其亚砜、砜化合物之和，以倍硫磷表示。②以二硫化碳表示。③再残留，P，P′-DDT、O，P′-DDT、P，P′-DDE 和 P，P′-TDE 之和。④对硫磷不得在水果中使用，本数值为检测方法的测定限。⑤不得在水果中使用对硫磷，本数值为检测方法的测定限。⑥乐果和氧化乐果之和，以乐果计。⑦α-硫丹、β-硫丹及硫酸硫丹之和。⑧再残留，α-HCH、β-HCH、γ-HCH 和 δ-HCH 之和。⑨所有异构体之和。⑩灭多威和羟基硫代乙酰亚胺甲酯（灭多威肟）之和，以灭多威计。⑪O，P′-异构体、P，P′-异构体之和

2. 农药使用标准

我国先后发布实施了 7 项农药合理使用农药的国家标准，标准编号为 GB/T 8321.1 至 GB/T 8321.7，旨在指导科学、合理、安全使用农药，有效防治农作物病、虫、草害，并使农产品中的农药残留不超过规定的限量标准，保护环境，保障人体健康。这些标准是根据农药残留试验结果，依照我国和联

合国粮农组织/世界卫生组织(FAO/WHO),以及参照其他国家现有的农药最高残留限量标准而制定的,并根据《农药登记公告》确定了施药量(浓度)和施用方法。7项标准共规定了26种农药(其施用方法均为喷雾)在苹果生产中的合理使用准则,除异菌脲、代森锰锌、氯苯嘧啶醇、多氧霉素和双胍辛胺乙酸盐等5种杀菌剂外,其余21种农药均为杀虫杀螨剂,具体规定详见表7-3。

3. 禁用农药

早在1982年6月5日,我国农牧渔业部、卫生部就联合发布了《农药安全使用规定》。根据该《规定》,高毒农药、高残留农药(六六六、滴滴涕、氯丹)和杀虫脒均不得在果树上使用。2002年5月24日中华人民共和国农业部第199号公告进一步明确规定,明令禁止使用六六六、滴滴涕、毒杀芬、二溴氯丙烷、杀虫脒、二溴乙烷、除草醚、艾氏剂、狄氏剂、汞制剂、敌枯双、氟乙酰胺、甘氟、毒鼠强、氟乙酸钠、毒鼠硅及砷、铅类农药。甲胺磷、特丁硫磷、硫环磷、甲基对硫磷、甲基硫环磷、蝇毒磷、对硫磷、治螟磷、地虫硫磷、久效磷、内吸磷、氯唑磷、磷胺、克百威、苯线磷、甲拌磷、涕灭威、甲基异柳磷和灭线磷等19种农药不得在果树上使用。要生产安全优质苹果,在使用农药防治病虫害时,就必须严格遵守这些规定,把好农药使用的关口。

另外,我国2000年发布实施的农业行业标准《绿色食品农药使用准则》(标准编号为NY/T 393—2000)规定,A级绿色食品生产过程中,严禁使用剧毒、高毒、高残留或具有三致毒性(致癌、致畸、致突变)的农药(表7-4),在苹果生产中可参照执行。

表 7-3 苹果农药合理使用标准

农药	GB/T 8321.1—2000		GB/T 8321.2—2000		GB/T 8321.3—2000	
标准编号						
通用名	溴氰菊酯 deltamethrin	氰戊菊酯 fenvalerate	溴螨酯 bromopropylate	异菌脲 iprodione	三唑锡 azocyclotin	氯氰菊酯 cypermethrin
商品名	敌杀死 Decis	速灭杀丁 Sumicidin	螨代治 Neoron	扑海因 Rovral	倍乐霸 Peropal	赛波凯 Cyperkill
剂型及含量	2.5%乳油	20%乳油	50%乳油	50%可湿性粉剂	25%可湿性粉剂	25%乳油
防治对象	桃小食心虫等	桃小食心虫等	螨类	轮斑病、褐斑病等	红蜘蛛等	桃小食心虫等
稀释倍数（有效成分浓度）	1250～2500 倍液（5～10mg/L）	2000～4000 倍液（50～100mg/L）	1000～2000 倍液（250～500mg/L）	1000～1500 倍液（333～500mg/L）	1000～1330 倍液（185～250mg/L）	4000～5000 倍液（50～60mg/L）
每季作物最多使用次数	3	3	2	3	3	3
最后一次施药距收获的天数（安全间隔期）	5	14	21	7	14	21
最高残留限量（MRL）参照值	0.1 mg/kg	2 mg/kg	全果 5 mg/kg	10 mg/kg	2 mg/kg	2 mg/kg

续表 7-3

农药		GB/T 8321.3—2000			GB/T 8321.4—1993	
标准编号	通用名	除虫脲 difflubenzuron	顺式氰戊菊酯 esfenvalerate	甲氰菊酯* fenpropathrin	炔螨特 propargite	氯苯嘧啶醇 fenarimol
	商品名	敌灭灵 Dimilin	来福灵(双爱士) Sumialpha	灭扫利 Meothrin	螨除净 Comite	乐必耕 Rubigan WP
剂型及含量		25%可湿性粉剂	5%乳油	20%乳油	73%乳油	6%可湿性粉剂
防治对象		尺蠖、桃小食心虫等	桃小食心虫等	桃小食心虫、红蜘蛛等	螨类	黑星病、炭疽病、白粉病
稀释倍数(有效成分浓度)		1000~2000倍液 (125~250mg/L)	2000~3125倍液 (16~25mg/L)	2000~3000倍液 (67~100mg/L)	2000~3000倍液 (243~365mg/L)	1000~1500倍液 (40~60 ppm)
每季作物最多使用次数		3	3	3	3	3
最后一次施药距收获的天数(安全间隔期)		21	14	30	30	14
最高残留限量(MRL)参照值		1 mg/kg	全果 2 mg/kg	全果 5 mg/kg	全果 5 mg/kg	全果 0.1 mg/kg

* 防红蜘蛛用低浓度

续表 7-3

农药 标准编号	GB 8321.4—1993			GB/T 8321.5—1997	
通用名	联苯菊酯* biphenthrin	噻螨酮* hexythiazox	多氧霉素* polyxin B	双甲脒 amitraz	四螨嗪 clofentezine
商品名	天王星 Talstar 10EC	尼索朗 Nissorun	宝丽安 Poloxin AL	螨克 Mitac 20	阿波罗 Apollo 50SC
剂型及含量	10%乳油	5%乳油	10%可湿性粉剂	20%乳油	50%悬浮剂
防治对象	桃小食心虫、叶螨等	红蜘蛛	轮斑病、斑点落叶病	红蜘蛛	红蜘蛛
稀释倍数（有效成分浓度）	3000~5000倍液 (20~33ppm)	1500~2000倍液 (25~33ppm)	1000~1500倍液 (67~100 ppm)	1000~1500倍液 (133~200mg/L)	5000~6000倍液 (83~100 mg/L)
每季作物最多使用次数	3	2	3	3	2
最后一次施药距收获的天数（安全间隔期）	10	30	7	30	30
最高残留限量（MRL）参照值	全果 1mg/kg	全果 0.5 mg/kg	—	全果 0.5 mg/kg	全果 0.5 mg/kg

* 中文通用名为编者补加。^ 不能与酸性农药混用

续表 7-3

	GB/T 8321.5—1997					GB/T 8321.6—2000
标准编号						
农药 通用名	吡螨胺 tebufenpyrad	氯氟氰菊酯 cyhalothrin	氟虫脲 flufenoxuron	唑螨酯 fenproximate		硫丹 endosulfan
农药 商品名	必螨立克 Pyranica, MK—239	功夫 Kung Fu	卡死克 Cascade	霸螨灵 Danitron 5%SC		赛丹 Thiodan
剂型及含量	10%可湿性粉剂	2.5%乳油	5%乳油	5%悬浮剂		35%乳油
防治对象	红蜘蛛	桃小食心虫	红蜘蛛	红蜘蛛	锈壁虱	黄蚜
稀释倍数（有效成分浓度）	2000～3000倍液 (33～50mg/L)	4000～5000倍液 (5.0～6.2 mg/L)	667～1000倍液 (50～75 mg/L)	2000～3000倍液 (17～25 mg/L)	1000～2000倍液 (25～50 mg/L)	3000～4000倍液 (87.5～116.7mg/L)
每季作物最多使用次数	3	2	2	2		3
最后一次施药距收获的天数（安全间隔期）	30	21	30	15		15
最高残留限量（MRL）参照值	全果 0.9 mg/kg	全果 0.2 mg/kg	全果 0.2 mg/kg	全果 1 mg/kg		1 mg/kg

续表 7-3

标准编号	GB/T 8321.6—2000		GB/T 8321.7—2002		
农药 通用名	代森锰锌 mancozeb	啶虫脒 acetamiprid	丙硫克百威 benfuracarb	丁硫克百威 carbosulfan	双胍辛胺乙酸盐 iminoctadinetriacetate
商品名	大生 Dithane M-45	莫比朗 Mospilan	安克力 Oncol	好年冬 Marshal	百可得 Bellkute
剂型及含量	80%可湿性粉剂	3%乳油	20%乳油	20%乳油	40%可湿性粉剂
防治对象	斑点落叶病、轮纹病	蚜虫	蚜虫	蚜虫	斑点落叶病
稀释倍数（有效成分浓度）	800倍液 (1000 mg/L)	2000~2500倍液 (12~15 mg/L)	1500~3000倍液 (66.7~133.3 mg/L)	3000~4000倍液 (50~66.7 mg/L)	800~1000倍液 (400~500 mg/L)
每季作物最多使用次数	3	1	2	3	3
最后一次施药距收获的天数（安全间隔期）	10	30	50	30	21
最高残留限量（MRL）参照值	二硫化碳 3 mg/kg 乙撑硫脲 0.05 mg/kg	0.5 mg/kg	0.05 mg/kg	0.05 mg/kg	全果 1 mg/kg

表 7-4 生产 A 级绿色食品禁止使用的农药

农药种类	农药名称	禁用原因
有机氯杀虫剂	滴滴涕、六六六、甲氧滴滴涕、硫丹	高残毒
有机氯杀螨剂	三氯杀螨醇	工业品中含有一定数量的滴滴涕
有机磷杀虫剂	甲拌磷、乙拌磷、久效磷、对硫磷、甲基对硫磷、甲胺磷、甲基异柳磷、治螟磷、氧化乐果、磷胺、地虫硫磷、灭克磷、水胺硫磷、氯唑磷、硫线磷、杀扑磷、特丁硫磷、克线丹、苯线磷、甲基硫环磷	剧毒、高毒
氨基甲酸酯杀虫剂	涕灭威、克百威、灭多威、丁硫克百威、丙硫克百威	高毒、剧毒或代谢物高毒
甲脒类有机氮杀虫剂	杀虫脒	慢性毒性、致癌
卤代烷类熏蒸杀虫剂	二溴乙烷、环氧乙烷、二溴氯丙烷、溴甲烷	致癌、致畸、高毒
杀虫、杀螨、杀线虫剂	阿维菌素	高毒
有机硫杀螨剂	克螨特	慢性毒性
有机砷杀菌剂	甲基胂酸锌、甲基胂酸钙、甲基胂酸铁铵、福美甲胂、福美胂	高残毒
有机锡杀菌剂	三苯基醋酸锡、三苯基氯化锡、三苯基羟基锡	高残留、慢性毒性
有机汞杀菌剂	氯化乙基汞、醋酸苯汞	剧毒、高残毒
取代苯类杀菌剂	五氯硝基苯、稻瘟醇	致癌、高残毒
2,4-D 类化合物	除草剂或植物生长调节剂	杂质致癌
二苯醚类除草剂	除草醚、草枯醚	慢性毒性
植物生长调节剂	有机合成的植物生长调节剂	—

（四）重视植物检疫

进行植物检疫，是国家为保护农业生产，而颁布法令或条例，对植物及其产品，特别是种子和苗木进行管理和控制，防止危害性病、虫、杂草传入新区。植物检疫，能有效制止或限制危险性有害生物的传播和扩散，对各地阻止未曾发生的植物病虫害的侵入，起着积极的作用。

1. 国内检疫对象

根据农业部"农发〔1995〕10 号"文件《关于发布全国植物检疫对象和应施检疫的植物、植物产品名单的通知》，苹果的全国植物检疫对象，包括苹果蠹蛾、苹果绵蚜和美国白蛾；对苹果种子、苗木、接穗、砧木、试管苗和其他繁殖材料，以及来源于或运出发生疫情的县级行政区域的产品，均应实施检疫。苹果蠹蛾分布于新疆和甘肃；苹果绵蚜分布于山东、云南、天津、辽宁和江苏；美国白蛾分布于辽宁、陕西、山东、河北和上海。要通过严格的植物检疫，防止这些害虫扩散传播，损害苹果的栽培效益。

2. 进境植物检疫有害生物

《中华人民共和国进境植物检疫危险性病、虫、杂草名录》规定了地中海实蝇、苹果蠹蛾、梨火疫病、番茄环斑病毒、按实蝇、美国白蛾、日本金龟子、苹果实蝇、杧果果核象甲、棉花根腐病菌和香石竹环斑病毒等 11 种与苹果有关的一二类有害生物。《中华人民共和国进境植物检疫潜在危害性病、虫、杂草名录（试行）》，规定了星尺蠖、冬尺蠖、榅桲象甲、苹象甲、苹芽象甲、李象甲、南美叶甲、橘带卷蛾、亚麻黄卷蛾、斜纹卷蛾、樱桃小卷蛾、李小卷蛾、果树黄卷蛾、红带卷蛾、荷兰石竹卷叶蛾、苹浅褐卷蛾、苹髓尖蛾、黄毒蛾、合毒蛾、灰翅夜蛾、苹透翅蛾、李透翅蛾、苹果小蠹、皱小蠹、拟叶红蜡蚧、樱桃圆盾蚧、霍氏长盾蚧、苹扁头吉丁、苹果绵蚜、桃大黑蚜、美国牧草盲蝽、欧梨网蝽、蔷薇鳃角金龟、欧洲鳃金龟、苹果木虱、苹楔天牛、梨带蓟马、蜡实蝇(地中海实蝇除外)、按实蝇、胶锈菌属病菌、美澳型核果褐腐病菌、苹果树炭疽病菌、柑橘疫病菌、根癌土壤杆菌、根结线虫、咖啡根腐线虫、穿刺根腐线虫、伤残根腐线虫、长针线虫、毛刺线虫、苹果病毒(侵染苹果的主要病毒)、番茄丛矮病毒、苹果斑纹类病毒和苹果丛生植原体等 54 种有关苹果的三类有害生物。所有这些有害生物,在从国外引进苹果苗木或繁殖材料时,均应高度重视。

(五) 实行生物、农业、物理防治

苹果病虫害的防治方法,主要有农业防治、生物防治、物理防治和化学防治。在防治苹果病虫害时,提倡尽量采用前三种方法,以降低农药使用次数和使用量,减轻对果实和环境的污染。

1. 农业防治

农业防治,是防治果树病、虫害所采取的农业技术综合措施。通过进行农业防治,调整和改善果树的生长环境,增强果树对病、虫害的抵抗力,创造不利于病原物和害虫生长发育或传播的条件,以控制、避免或减轻病、虫的危害。农业防治具有方法灵活多样、经济简便、可操作性强、与果树栽培管理结合紧密等特点,已成为无公害果品生产和绿色果品生产中优先采用的防治方法。苹果病虫害的农业防治措施,主要有以下五个方面:

(1)合理布局 要搞好果园发展规划。苹果、梨、桃、李等果树不得混合栽植,不同树种果园间应有一定宽度的隔离缓冲带,以避免或减轻梨小食心虫、桃蛀螟等害虫的危害。桧柏是苹果、梨锈病的重要转主寄主,苹果园附近不得栽植桧柏,以免导致苹果和梨锈病的严重发生。同时,要注意品种的多样性,以免病害大流行、虫害大发生时造成重大经济损失。

(2) 利用品种抗病虫特性　品种的抗病和抗虫性,是品种的遗传特性,可分为免疫、高抗、中抗和低抗。充分利用品种抗病虫特性,对提高防治效果,减少农药使用量,具有重要意义。

不同苹果品种对桃小食心虫、苹果叶螨和金纹细蛾的抗性不同。在抗桃小食心虫的苹果品种富士、新红星、国光和青香蕉上,第一代幼虫的成活率均在 7％ 以下,而在感虫品种金冠、红玉、金矮生和秦冠上,其成活率则均在 15％ 以上。因此,在第一代卵发生期,只需对感虫品种进行喷药"挑治",对于抗虫品种则不需喷药。这样做,既减少了果园用药量,也保护了大量的天敌,能很好地控制叶螨和蚜虫等次生害虫。对于苹果叶螨,新红星、富士和国光品种表现为高感;短枝金冠和红星品种表现为易感;秦冠品种表现为低抗;青香蕉和金冠品种表现为高抗。对于金纹细蛾,新红星、富士和国光品种表现为高感;秦冠品种表现为易感;短枝金冠、红星、青香蕉和金冠品种表现为高抗。栽培金冠和青香蕉苹果品种,可减缓苹果叶螨种群的增长速度,并使金纹细蛾的种群数量,在苹果整个生长期内,一直被抑制在允许的经济受害水平以下。

除抗虫性外,一些苹果品种还对某些病害具有一定的抗性。如萌品种具有抗轮纹病、斑点落叶病和早期落叶病的能力,无果实病害;王林品种抗病性较强,果实轮纹病发病率很低;新世界品种对斑点落叶病和白粉病抗性强;礼泉短富品种较抗白粉病、斑点落叶病和炭疽病;千秋品种发生早期落叶病和白粉病极轻。

(3)合理修剪,保持果园清洁 要结合果树冬季修剪和清园,有效减少病害初侵染源,压低害虫发生基数。要及时进行夏季修剪,剪除果树内膛徒长枝,改善树体通风透光条件,减轻斑点落叶病、轮纹烂果病的侵染蔓延,抑制叶螨、蚜虫等害虫的种群增长与危害。秋末冬初彻底清扫落叶、病果和杂草,摘除僵果,予以集中烧毁或深埋。结合冬剪,剪除发生腐烂病、轮纹病、干腐病等的病枝,和着生蚜虫、叶螨、卷叶蛾的虫枝。夏季结合疏花疏果,摘除白粉病叶芽和有卷叶虫的叶片等。在生长季节,要及时检查树体,摘除和清理果园内被炭疽病、轮纹病、桃小食心虫和卷叶虫等危害的病虫果,予以集中深埋或销毁。苹果树的老粗皮、翘皮、粗皮与裂缝,是叶螨、潜皮蛾、卷叶虫等害虫的越冬场所,刮下的翘皮应集中深埋或烧毁。在刮皮时,要注意保护天敌,特别是靠近地面主干上的翘皮内,天敌数量较多,应少刮或不刮。

(4)加强土肥水管理 封冻前,将树冠下的土壤深翻20～30厘米,并将下层土翻至上层。这既可熟化土壤,又可杀灭在土壤中越冬的桃小食心虫、二斑叶螨和山楂叶螨等害虫。合理施肥和灌水,促进果树生长,增强树势,提高果树抗病虫能力。果园施用有机肥、无机复合肥,压绿肥,增施磷、钾肥,控制施氮肥,增强树体对苹果树腐烂病、斑点落叶病、轮纹病和白粉病等病害的抵抗能力,恶化叶螨类、蚜虫类和介壳虫类等刺吸性害虫的营养条件。而偏施氮肥,有机肥不足,排水灌溉不良,则有利于腐烂病、烂果病的发生。在苹果树生长中后期,尤应注意控水,避免果树贪青生长,遭受冻害,使腐烂病大发生。

(5)果实套袋 果实套袋,对苹果果实起到良好的保护作用,使果实免受病虫危害,避免环境污染和枝、叶磨损等外界伤害。现已成为生产优质果品不可缺少的有效措施。套袋可有效预防苹果轮纹病、炭疽病和干腐病等果实病害的侵染,以及避免食心虫类、金龟子和卷叶虫等对果实的危害。对减少农药使用次数和使用量,避免或减少果实中的农药残留效果显著,并可提高苹果外观品质,果实新鲜度好,色泽艳丽,大幅度提高商品果率和经济效益。

2. 生物防治

由于长期、大量使用化学农药,引起农药残留、环境污染、病虫抗药性增强等一系列问题,因此生物防治越来越受到人们的关注。在苹果无公害生产中,应大力提倡生物防治,以降低农药残留,减少环境污染。生物防治利用生物或其产物,如瓢虫、草蛉、捕食螨、蜘蛛、青蛙与鸟类等捕食性天敌,寄生蜂、寄生蝇与线虫等寄生性天敌,病毒、细菌、真菌及其代谢产物,抗生菌产生的抗生素等,控制果树病虫害,对果树和人、畜安全,不污染环境,不伤害天敌和有益生物,具有长期控制的效果。

(1) 天敌的保护和利用 苹果园害虫天敌十分丰富。根据取食特点,可分为捕食性天敌和寄生性天敌两大类。捕食性天敌,主要包括捕食性瓢虫、草蛉、食虫螨、螳螂、食蚜蝇、捕食螨、蜘蛛和鸟类等。寄生性天敌,主要包括寄生蜂、寄生蝇和寄生菌等。果园害虫天敌的丰富性,还有另外三个方面的表现。一是某一害虫天敌可能存在为数众多的种类。以捕食性螨为例,据估计,全世界捕食螨超过 6 万种,而且还不断发现有新种。二是某一害虫往往存在多种天敌。比如害螨天敌包括多种瓢虫、捕食螨、草蛉、花蝽、隐翅虫、捕食性蓟马和芽枝霉菌等。寄生斜纹夜蛾的寄生蜂在我国多达 46 种,其中寄生于卵的有 7 种,寄生于幼虫的有 23 种,寄生于蛹的有 5 种,重寄生的有 11 种。三是对象的广泛性,即一种天敌往往可以取食或寄生多种害虫。例如捕食性瓢虫可以取食蚜虫、介壳虫、粉虱、叶螨及其他节肢动物等多种害虫。苹果为多年生植物,生态环境比较稳定,害虫及其天敌(表 7-5)在长期共存过程中,易于形成相互依存、相互制约的生态平衡关系。因此,保护和利用天敌,对于控制苹果害虫种群数量,具有重要意义,是苹果害虫综合防治不可缺少的重要措施。

表 7-5　苹果园常见害虫天敌

害　虫	主要天敌
食心虫类	桃小食心虫天敌主要有桃小甲腹茧蜂、中国齿腿姬蜂;苹小食心虫天敌主要有两种姬蜂(*Phaedrotonus* sp. 和 *Mesochorus* sp.)
叶　螨	深点食螨瓢虫、异色瓢虫、黑襟毛瓢虫、中华草蛉、塔六点蓟马、喘粉蛉、小黑花蝽、隐翅甲、东方钝绥螨、拟长毛钝绥螨、中华植绥螨、毛瘤长须螨和普通盲走螨等
卷叶蛾类	卵期天敌有拟澳赤眼蜂、松毛虫赤眼蜂;幼虫天敌有卷叶蛾肿腿姬蜂、卷叶蛾聚瘤姬蜂、舞毒蛾黑瘤姬蜂、卷叶蛾聚瘤姬蜂、顶梢卷叶蛾壕姬蜂、卷叶蛾甲腹茧蜂和卷叶蛾赛寄蝇等;蛹期天敌常见的是粗腿小蜂;此外,虎斑食虫虻、白头小食虫虻和一些蜘蛛,均可捕食卷叶蛾类的幼虫和蛹
蚜虫类	瓢虫(七星瓢虫、异色瓢虫、十三星瓢虫、多异瓢虫、黑背小毛瓢虫等)、草蛉类(大草蛉、丽草蛉等)、食蚜蝇类(黑带食蚜蝇、斜斑鼓额食蚜蝇等)、捕食蝽类(小黑花蝽、欧花蝽等)和寄生蜂类(苹果黄蚜茧蜂、麦蚜茧蜂、梨蚜茧蜂、苹果瘤蚜小蜂、苹果绵蚜日光蜂、蚜虫金小蜂等)
介壳虫类	黑缘红瓢虫、红点唇瓢虫、红环瓢虫、中华显盾瓢虫和跳小蜂等
潜叶蛾类	金纹细蛾跳小蜂、金纹细蛾姬小蜂、金纹细蛾绒茧蜂、潜叶蛾姬小蜂和白跗姬小蜂等

① 改善果园生态环境，繁衍天敌群落　提供栖息场所和食料，为天敌创造适宜的生活环境。尽可能多地采用农业防治、生物防治等非化学方法防治果园害虫。果园套种绿肥，附近种植蜜源植物，或有意保留某些野生开花植物，促进寄生蜂、寄生蝇和捕食螨的繁衍。增加果区植物种类，尤其是植树造林，改善果园生态环境，果林结合，使捕食性昆虫种类增多，以利天敌繁衍。发展林业，招引食虫益鸟定居繁殖，啄食果园害虫。摘除害虫卵块、虫体时，不要立即销毁，而将其先放入保护装置内，让寄生蜂、寄生蝇羽化飞出，再行繁殖寄生。果园行间种植以豆科牧草为主的益草，为害虫天敌提供繁衍、活动场所和化学防治害虫时的躲避场所。秋后果树下存留落叶或覆草，为蜘蛛、瓢虫和食蚜蝇等提供蛰伏越冬场所。从苹果园清扫出来的枯枝、落叶和杂草等，应集中于果园附近背风向阳处，待天气转暖，瓢虫和花蝽等天敌生物迁出后，再将其烧毁。

② 选好化学防治时机，合理使用农药　搞好果树主要害虫田间消长动态监测和天敌生物发生状况调查。慎重用药，严格控制用药次数及种类，最大限度地保护天敌，维持果园生态系统较强的自然控制力。合理使用化学农药，减少用药次数和用药量，选用高效、低毒、低残留的选择性农药，如灭幼脲3号、杀铃脲、卡死克、吡虫啉、扑虱灵、机油乳剂、苏云金杆菌、白僵菌、尼索朗、螨死净、哒螨灵、阿维菌素、浏阳霉素和硫悬浮剂等。做到挑治、片治，克服盲目普治，尽量在天敌隐蔽或不活动期施药，在果园主要天敌数量迅速上升期，不使用广谱性杀虫剂。不连续单一使用某一种或几种农药，提倡不同类型农药的交替使用和合理混用。在苹果树发芽前，害虫已大量出蛰，且耐药性最弱，而天敌则尚未出蛰，因而是防治越冬害虫的有利时机，应采用化学防治或剪虫枝、刮树皮、抹虫

卵等方法予以消灭。

在每年 6 月份以前,苹果园内的害虫天敌,以草蛉、瓢虫、蓟马、小花蝽和蜘蛛等捕食性天敌为多。7 月份以后,捕食螨成为园内的主要天敌类群。在施药合理或不喷药的果园,这些天敌发生数量较多,尤其在 6～7 月份,天敌大量活动,使蚜虫、害螨和部分食叶害虫的发生受到抑制。因此,苹果树生长前期应尽量少喷或不喷广谱性杀虫剂。对害螨进行化学防治,重点应放在对天敌生物较为安全的果树休眠期。而在果树生长期,则应以保护天敌为中心,按照防治指标进行喷药,严格控制用药种类及化学防治次数。

(2)利用昆虫激素防治害虫　目前利用最多的是人工合成的昆虫性外激素。我国有桃小食心虫、梨小食心虫、苹小卷叶蛾、金纹细蛾、苹果蠹蛾、苹果褐卷叶蛾、梨大食心虫、桃蛀螟和桃潜蛾等果园用性诱剂,主要用于害虫发生期监测、大量捕杀和干扰交配。使用方法主要有两种:一是将性外激素诱芯制成诱捕器,诱杀雄成虫,减少果园雄成虫数量,使雌成虫失去交配机会,产出不能孵化出幼虫的无效卵;二是将性外激素诱芯直接挂于树上,使雄虫迷向,找不到雌虫交配,从而使雌虫产出无效卵。

(3)利用有害微生物或其代谢产物防治果树病虫　目前用于苹果病虫害防治的微生物农药,主要是真菌、细菌、放线菌等微生物或其代谢产物制品。在杀虫剂中,浏阳霉素乳油对苹果树害螨有良好的触杀作用,对螨卵孵化亦有一定抑制作用;阿维菌素乳油对苹果园害螨、桃小食心虫、蚜虫、介壳虫和寄生线虫等多种害虫有效;苏云金杆菌及其制剂,对桃小食心虫初孵幼虫有较好防效,在桃小食心虫发生期,按照卵果率 1%～1.5% 的防治指标,树上喷洒 Bt 乳剂或青虫菌 6 号 800

倍液,可取得良好防效;桃小食心虫越冬幼虫出土期,在土壤中施用新线虫也取得了较好的防治效果。在杀菌剂中,多氧霉素(多抗霉素)防治苹果斑点落叶病和褐斑病,效果显著;用农抗 120 防治果树腐烂病,具有复发率低、愈合快、用药少和成本低等优点。

3. 物理防治

物理防治,就是利用光、热、电、振荡与辐射等物理因素防治病虫害。物理防治方法在虫害防治中应用较多,主要利用害虫的趋光、趋化和越冬特性,防治害虫。鳞翅目的蛾类、同翅目的蝉类和鞘翅目的金龟子等害虫,均有较强的趋光性。可利用这一特性,在果园内设置黑光灯或杀虫灯,进行诱杀,将其危害控制在经济损失水平以下。梨小食心虫、金龟子、卷叶蛾等害虫,对糖醋液有明显的趋性,可利用这一特性,在其发生期配制糖醋液(适量杀虫剂、糖 6 份、醋 3 份、酒 1 份、水 10 份)诱杀,用碗盛装,制成诱杀器挂于树上,每 667 平方米挂 7～8 个诱杀器,每天捡出虫尸,并加足糖醋液。二斑叶螨、山楂叶螨、梨小食心虫和梨星毛虫等许多害虫,均在树皮裂缝中越冬,可利用这一特性,在树干上捆扎束草、破布和废报纸等物,诱集害虫越冬,至翌年害虫出蛰前将捆扎物解下,集中销毁,消灭其中越冬害虫。另外,进行枝干涂白,也是行之有效的防治病虫害的物理方法。树干涂白(涂白剂配方为生石灰：食盐：大豆汁：水 = 12：2：0.5：36),既可防止日烧和冻裂,延迟萌芽和开花,还可兼治枝干病虫害。

(六) 合理混用农药

1. 农药混用的优点

农药混用,有许多优点。归纳起来有四点：一是一次用药可以兼治两种或多种同期发生的病虫害,能够节省时间和劳动力;二是有一定的增效作用,能提高防治效果或延长持效期;三是可防止和克服有害生物对某种单剂产生抗药性,有利于延长农药品种的使用寿命;四是能降低农药使用的剂量和成本,减少对环境和苹果的污染,减轻对天敌等有益生物的危害。

2. 农药混用的原则

农药混用后,不对苹果产生药害,不增加对人、畜及天敌等有益生物的毒性,不发生不良反应(如沉淀、分层、析出等),不减效,不产生拮抗作用;能取长补短,有针对性地扩大防治范围,延缓抗药性产生或调整持效期,减少农药残留量。

3. 农药混用的实施

苹果生产中一些常用农药及叶面喷肥(尿素、磷酸二氢钾)的混合使用,可参考表7-6实施。

(七) 改进防治技术

随着农药品种的丰富和防治技术的改进,在加强病虫情观察的基础上,完全可以将北部和西北苹果产区的全年喷药次数,从目前的9～12次减少到6～9次;夏秋季高温、多雨的中南部苹果产区,全年喷药次数,可由目前的12～16次减少到9～12次。为减少喷药次数,降低生产成本,提高好果率和苹果质量,我国著名果树植保专家王金友研究员(2006)对我国苹果病虫害防治中的新问题,诸如苹果树腐烂病呈现明显上升趋势,枝干轮纹病为害日趋严重,褐斑病常造成大量早期落叶,苹果小卷叶虫在部分果区暴发成灾,中东部苹果产区果实轮纹病仍呈高发生态势等情况,进行了认真的总结。在此基础上,他提出以下改进防治技术:

表 7-6　果园常用农药及叶面喷肥混合使用表

	敌敌畏	乐果	马拉硫磷	杀螟硫磷	辛硫磷	溴氰菊酯	氯氰菊酯	氰戊菊酯	三氯杀螨醇	炔螨特	双甲脒	水胺硫磷	毒死蜱	异菌脲	甲基硫菌灵	多菌灵	代森锌	代森锰锌	百菌清	石硫合剂	波尔多液	尿素	磷酸二氢钾
敌敌畏	敌敌畏																						
乐果	+	乐果																					
马拉硫磷	+	+	马拉硫磷																				
杀螟硫磷	+	+	+	杀螟硫磷																			
辛硫磷	+	+	×	+	辛硫磷																		
溴氰菊酯	+	+	+	+	+	溴氰菊酯																	
氯氰菊酯	+	+	+	+	+	×	氯氰菊酯																
氰戊菊酯	+	+	+	+	+	×	×	氰戊菊酯															
三氯杀螨醇	+	+	+	+	+	+	+	+	三氯杀螨醇														
炔螨特	+	+	+	+	+	+	+	+	×	炔螨特													
双甲脒	+	+	+	+	+	+	×	×	+	×	双甲脒												
水胺硫磷	+	+	+	○	×	+	+	+	+	×	+	水胺硫磷											
毒死蜱	×	×	×	○	×	+	+	+	+	+	×	×	毒死蜱										
异菌脲	+	+	+	○	+	+	+	+	+	+	+	+	+	异菌脲									
甲基硫菌灵	+	+	+	+	+	+	+	+	+	+	+	+	+	+	甲基硫菌灵								
多菌灵	+	+	+	+	+	+	+	△	△	△	+	+	+	+	+	多菌灵							
代森锌	+	+	+	+	+	+	+	+	○	○	○	○	○	○	+	○	代森锌						
代森锰锌	+	+	+	+	+	+	+	+	+	+	+	×	+	+	○	+	○	代森锰锌					
百菌清	+	+	+	○	○	+	+	+	+	+	+	+	×	+	+	+	+	+	百菌清				
石硫合剂	×	×	×	×	×	×	×	×	×	×	×	×	×	×	×	×	×	×	×	石硫合剂			
波尔多液	×	×	×	×	×	×	×	×	×	×	×	×	×	×	×	×	×	×	×	×	波尔多液		
尿素	+	+	+	+	+	+	+	+	+	+	+	+	+	+	○	+	○	+	+	×	×	尿素	
磷酸二氢钾	+	+	+	○	+	+	+	+	+	+	+	+	○	+	○	+	○	+	+	×	×	+	磷酸二氢钾

注:＋ 可以混合使用。△ 混合后马上使用。× 不能混合使用。○ 未知

1. 早春休眠期至落花后的病虫害防治

第一,结合冬剪,剪除病虫枝、干桩枯橛,刮除枝干上的粗、老翘皮,暴露出翘皮下面的越冬害虫和虫卵。清除果园内的枯草和枯枝落叶,运出园外烧毁。

第二,认真检查并刮治苹果树腐烂病。发病重的果园一般刮治三次左右。刮过之后,对新老病疤和主干、大枝上的轮纹病瘤与干死病皮等部位,以及能够到的细枝条上的轮纹病小病瘤,用药刷充分涂刷 10％果康宝悬浮剂 15～20 倍液,以便有效预防苹果树腐烂病发生,并促进轮纹病瘤、病皮下面形成新的愈伤组织,使其自行翘离和脱落,达到有效治疗轮纹病的效果,同时节省刮病皮的大量用工,避免刮皮伤树的不良反

应。如果在药液中加入 80％敌百虫可湿性粉剂 100 倍液,则可兼杀在树皮下越冬的卷叶虫、叶螨与苹小食心虫等害虫。采用这种方法,除在 1～2 年生小枝轮纹病特别多的果园外,一般果园树上可不再喷发芽前的铲除性杀菌剂。

第三,晚熟品种的花序分离期,正是苹果小卷叶虫、苹果全爪螨、山楂叶螨、苹果瘤蚜、苹果绣线菊蚜(黄蚜)、金纹细蛾幼虫、金龟子以及局部果园发生的苹果绵蚜与康氏粉蚧等害虫,开始进入为害期或集中为害期,危害叶片的白粉病、危害果实的霉心病和套袋果的黑点病菌也处于开始大量传播期,因此,是全年病虫害药剂防治的第一个关键时期。此时,对树上可喷布 1.8％阿维菌素乳油 5 000 倍液＋2.5％功夫(氯氟氰菊酯)乳油 2 000 倍液＋50％硫黄可湿性粉剂 300 倍液。

第四,晚熟品种落花后 7～10 天(黄河故道及渤海湾中南部果区、山西运城果区)或落花后 10～14 天(其他果区),随着气温的上升和降水量的渐多,苹果树的叶片和果实开始进入旺盛生长期,危害果树的害虫进入快速生长、繁殖期,病菌进入大量侵染期。所以,此时是全年病虫害药剂防治的第二个关键时期。对树上可喷布 50％多菌灵可湿性粉剂 600 倍液(新红星树上可喷布 50％扑海因可湿性粉剂 1 000 倍液或10％多抗霉素可湿性粉剂 1 000 倍液)＋20％哒螨酮(哒螨净)可湿性粉剂 2 000 倍液＋47％乐斯本乳油 1 500 倍液＋0.3％氯化钙水溶液,可防治苹果轮纹烂果病、炭疽病、褐斑病、斑点落叶病、套袋果黑点病和果实缺钙症,以及叶螨类、卷叶虫类、蚜虫类、金纹细蛾、康氏粉蚧和梨花网蝽等害虫。

2. 落花后至采收前的病虫害防治

(1)晚熟品种落花后 25 天左右的病虫害防治 在黄河故道、渤海湾中南部和山西运城果区,开花前没有用果康宝防治苹果枝干轮纹病的苹果园,可使用该药进行防治,施药时勿涂刷新环剥口部位,以防发生药害。白粉病重的果园,要剪除病梢和病叶丛。此时,对树上喷 80％大生 M-45 可湿性粉剂 800 倍液(或 80％喷克可湿性粉剂 800 倍液)＋25％灭幼脲 3 号悬浮剂 2 000 倍液＋0.3％氯化钙水溶液,防治轮纹烂果病、炭疽病、套袋果黑点病、果实缺钙症、锈果、金纹细蛾、卷叶虫类和其他食心虫。在渤海湾北部和西北黄土高原果区,一般年份树上可不喷药。

(2)晚熟品种落花后 35 天左右(套袋前或麦收前)的病虫害防治 在黄河故道、渤海湾中南部和山西运城果区,往年桃小食心虫发生重的果园,对地面喷洒 32％辛硫磷微胶囊剂 100 倍液,每 667 平方米用药量 0.5 千克左右;或喷洒 47％乐斯本乳油 300 倍液。对树上喷洒 40％氟硅唑(福星)乳油 8 000 倍液(或 50％超微多菌灵可湿性粉剂 600 倍液)＋80％三乙磷酸铝(乙磷铝)可湿性粉剂 700 倍液(斑点落叶病严重的果园改为 10％多抗霉素可湿性粉剂 1 000 倍液)＋10％吡虫啉可湿性粉剂 3 000 倍液＋2.5％溴氰菊酯乳油 2 000 倍液(或 4.5％高效氯氰菊酯乳油 2 000 倍液)＋0.3％氯化钙水溶液,防治轮纹烂果病、斑点落叶病、炭疽病、褐斑病、白粉病、套袋果黑点病、果实缺钙症、康氏粉蚧、蚜虫类、卷叶虫类、金纹细蛾、梨小食心虫、棉铃虫、梨花网蝽、桃小食心虫和茶翅蝽等。在渤海湾北部和西北黄土高原果区,晚熟品种套袋前,对树上喷洒 50％多菌灵可湿性粉剂 600 倍液＋80％三乙磷酸铝可湿性粉剂 700 倍液＋10％吡虫啉可湿性粉剂 3 000 倍液＋0.3％氯化钙水溶液,防治轮纹烂果病、炭疽病、斑点落叶病、套袋果黑点病和果实缺钙症,以及蚜虫类、康氏粉蚧、金纹细蛾与卷叶虫类等害虫。

(3)6月上中旬的病虫害防治　　在黄河故道、渤海湾中南部和山西运城平地果园,于麦收后,对套袋果园树上喷洒20%螨死净悬浮剂2 000倍液＋73%克螨特乳油2 000倍液,卷叶虫严重时混加24%虫酰肼(米螨)悬浮剂2 000倍液;对不套袋果园再混加30%桃小灵乳油1 500倍液,防治红蜘蛛类害虫,兼治桃小食心虫、梨小食心虫和卷叶虫类等。在渤海湾北部和西北黄土高原果区,视病虫发生情况决定是否喷药。

(4)6月下旬的病虫害防治　　在黄河故道、渤海湾中南部和山西运城平地果园,对树上喷洒1:2.5:200倍波尔多液,防治套袋褐斑病和斑点落叶病,以及不套袋果轮纹烂果病、炭疽病、水锈、褐斑病与斑点落叶病等。在渤海湾北部、西北黄土高原果区和豫西地区山地果园,对树上喷洒70%甲基托布津可湿性粉剂800倍液＋20%扫螨净可湿性粉剂2 000倍液＋30%桃小灵乳油1 500倍液(卷叶虫严重时混加24%虫酰肼悬浮剂2 000倍液),防治轮纹烂果病、炭疽病、褐斑病、红蜘蛛类和卷叶虫类等,以及防治不套袋果桃小食心虫与梨小食心虫。

(5)7月上旬的病虫害防治　　在各产区,对树上喷洒1:2.5:200倍波尔多液,防治套袋果褐斑病、斑点落叶病和水锈,以及不套袋果轮纹烂果病、炭疽病、褐斑病、斑点落叶病和水锈等。

(6)7月中旬的病虫害防治　　在各产区,对树上喷洒50%多菌灵可湿性粉剂600倍液＋80%三乙磷酸铝可湿性粉剂700倍液＋25%灭幼脲3号悬浮剂1 000倍液,防治不套袋果轮纹烂果病、炭疽病、斑点落叶病、褐斑病、金纹细蛾、桃小食心虫和梨小食心虫,以及套袋果褐斑病、斑点落叶病与金纹细蛾等。在渤海湾北部、西北黄土高原果区和豫西地区山地果园,视病虫发生情况决定是否喷药。

(7)7 月下旬的病虫害防治 早熟品种停止用药。在中熟不套袋果园,对树上喷洒 80％大生 M-45 可湿性粉剂 800 倍液(或 80％喷克可湿性粉剂 800 倍液)＋20％灭扫利乳油 1 000 倍液,防治轮纹烂果病、斑点落叶病、褐斑病、红蜘蛛类、桃小食心虫、梨小食心虫和卷叶虫类等。中熟品种套袋果园,视叶部病虫发生情况,如需用药,种类与套袋果园相同。在晚熟种不套袋果园,对树上喷洒 1:2.5:200 倍波尔多液＋80％敌百虫可湿性粉剂 800 倍液,防治轮纹烂果病、褐斑病、斑点落叶病、炭疽病、水锈、桃小食心虫、梨小食心虫及其他食叶与啃果害虫。在晚熟品种套袋果园,对树上喷洒 1:2.5:200 倍波尔多液,防治褐斑病、斑点落叶病和水锈等。

(8)8 月中旬前后的病虫害防治 在黄河故道和渤海湾中南部果区,对中熟品种停止用药。在渤海湾北部及西北果区中熟品种果园和各地晚熟品种不套袋果园,对树上喷洒 50％多菌灵可湿性粉剂 600 倍液(或 80％大生 M-45 可湿性粉剂 800 倍液,或 80％喷克可湿性粉剂 800 倍液,或 40％氟硅唑乳油 8 000 倍液,或 62.5％仙生可湿性粉剂 600 倍液)＋50％辛硫磷乳油 1 000 倍液,防治轮纹烂果病、炭疽病、褐斑病、水锈及食叶与啃果害虫。在黄河故道和渤海湾中南部果区晚熟品种套袋果园,对树上喷洒 1:2.5:200 倍波尔多液,防治褐斑病和斑点落叶病。

(9)9 月上旬的病虫害防治 在套袋果园停止用药。在不套袋果园,对树上喷洒 80％大生 M-45 可湿性粉剂 1 000 倍液(或 80％喷克可湿性粉剂 1 000 倍液)＋80％敌敌畏乳油 1 000 倍液,防治轮纹烂果病和水锈,以及食叶与啃果害虫。

三、主要病虫害的防治技术

（一）主要害虫的防治

1. 桃小食心虫

桃小食心虫又名桃蛀果蛾、桃蛀虫，简称桃小，是我国北方苹果产区最重要的害虫之一。

【田间诊断】 幼果受害后生长受阻，果面凹凸不平，果形不正，形成"猴头果"。幼虫在果内蛀食，一边蛀食，一边排粪，危害严重的，形成"豆沙馅"，失去食用价值。

【发生规律及习性】 桃小在辽宁、山西和陕西等大部分苹果产区，一年发生 1～2 代，在山东、河北、河南和江苏地区一年可发生 2～3 代，以老熟幼虫在 3～10 厘米深的土中做冬茧越冬。冬茧绝大多数分布在树干周围 1 米范围。以辽西地区为例，每年 5 月上中旬幼虫陆续破茧出土，1～2 天后，在土块、石块、树干基部和草丛基部，结夏茧化蛹，蛹期 10～15天。幼虫活动盛期在 6 月中下旬，是地面防治的关键时机。成虫 6 月中旬陆续羽化，至 8 月中旬结束。成虫昼伏夜出，午夜交尾产卵。无明显趋光性。雌虫产卵前期 1～3 天，将卵产于果实萼洼处，以金冠、红玉与元帅等中熟品种较多。中熟品种果实采收后，产卵于国光、富士和青香蕉等品种的果实上。卵期 8～10 天。初孵幼虫在果面上爬行，多在果实胴部蛀入，不食果皮。幼虫为害 20 天后，老熟脱果，入土结茧。凡 7 月下旬以前脱果的结夏茧，8 月下旬后脱果的结冬茧越冬。第二代卵和幼虫于 8 月上中旬出现，并危害果实，8 月下旬至 9月下旬开始脱果，入土做冬茧越冬。后期世代重叠。在发生

2 代的地区,8 月上中旬是第二代卵和幼虫危害果实的盛期。

【预测预报】

(1)越冬幼虫出土时期的预测预报 在具有代表性的果园,选择上年受害较重的 5 棵苹果树为调查树,开春后捡去树盘范围内的石块和杂草。4 月下旬,以每棵树树干为圆心,在半径为 1 米的圆内,呈同心轮纹状放置小瓦片 50 片。从 5 月初开始,每天早、中、晚各检查一次瓦片下幼虫出土情况。

(2)成虫发生期的预测预报 从 5 月中下旬开始,在果园内设置桃小食心虫性外激素诱捕器,每(10~20)×667 平方米果园用对角线法设置 5 个,诱捕器间距离 50 米左右。诱捕器用直径 15 厘米的大碗制成,碗内加 500 倍洗衣粉水溶液,将一枚含 500 微克性诱剂的诱芯,悬挂在碗中央上方,其底部与水面保持 1 厘米的距离。诱捕器制好以后,把它悬挂到指定地点 1.5 米高的树枝上。每日上午观察记录诱蛾数,捞出雄蛾并补足水。

(3)卵果率调查法 在苹果园采取对角线取样法,调查 10~20 棵苹果树,在每棵树的东西南北中五个方位,各调查 50~100 个果实,共调查 1 000~2 000 个果,统计卵果率。

【防治适期】

(1)地面处理 在地面连续 3 天发现出土幼虫时,即可发出预测预报,开始地面防治。当诱捕器连续 2~3 日诱到雄蛾时,表明地面防治已经到了最后的时刻,也是开展田间查卵的适宜时期。

(2)树上控制 6 月上中旬桃小食心虫成虫开始陆续产卵,当田间卵果率达 0.5%~1%时,进行树上喷药。以后每 10~15 天喷一次,连喷两次。

【防治方法】 根据该虫的发生规律和生活习性,应采用地面防治和树上防治相结合的防治措施。

(1) 农业防治 大力推广果实套袋技术。摘除虫果。从6月份开始,每半个月摘除虫果一次,并及时处理,这是消灭虫源的一种十分有效的措施。

(2) 生物防治 其生物防治方法是:

①应用昆虫病原线虫 目前用来防治桃小食心虫的病原线虫,为斯式线虫科的小卷蛾线虫。据广东省昆虫研究所和中国农业科学院郑州果树研究所报道,用线虫悬浮液喷施于果园土表,当每 667 平方米用 1 亿~2 亿侵染期线虫时,虫蛹被寄生的死亡率达到 90%。昆虫被线虫感染后,体液呈橙色,虫尸淡褐色,不腐烂。被线虫感染后的寄主,可作为感染源,使它被活的桃小食心虫吞食后,继续进行其侵染循环。

②饲养释放甲腹茧蜂 该寄生蜂是桃小食心虫的专性寄生天敌,分布于山东和河南等北方省、自治区。在一些条件不利于线虫防治桃小食心虫时,即可释放该茧蜂进行防治。

③利用白僵菌 该菌在 25℃、湿度为 90% 时,有利于其分生孢子的萌发和感染寄主。日光中的紫外线能杀死菌剂中的孢子,造成侵染力的丧失。因此,在利用白僵菌防治桃小食心虫时,最好先喷药后覆草。这样,既提高了土壤温度,又防止日光直射。施药时间,为越冬代和第一代幼虫的脱果期。

④使用性信息素 桃小食心虫的性诱剂,主要用于发生期的预测预报和检测估计种群发生的数量。使用方法简单,预报结果准确。

(3) 化学防治 桃小食心虫的药剂防治方法是:

①树上防治 6月下旬,桃小食心虫成虫开始产卵,当田间卵果率达 1% 以上时进行防治。可选用的药剂有:20% 杀铃脲悬浮剂 6 000~8 000 倍液,48% 乐斯本乳油 1 500 倍液,

2.5%保得乳油 2 000 倍液,20%氰戊菊酯乳油 2 000 倍液,20%灭扫利乳油 3 000 倍液,2.5%敌杀死乳油 2 000 倍液,2.5%功夫乳油 2 000 倍液,5%高效氯氰菊酯乳油 2 000 倍液等。

②地面处理　当田间性外激素诱捕器连续 2～3 日诱到雄蛾时,应进行第一次地面施药防治。常用农药有:25%辛硫磷微胶囊剂,50%辛硫磷乳油或 48%乐斯本乳油,每 667 平方米用药量为 0.5 千克,稀释成 300 倍液,均匀喷布到树冠下及其外围 0.5 米范围的树盘内。喷药前,树盘内要事先锄草和松土;喷药后,待地面药液干后再浅锄一遍,将药与土拌匀,防止药剂迅速见光分解,以延长其残效期。虫口密度大的果园,第一次喷药后间隔 15 天,可再喷一次。

2. 苹果叶螨

苹果叶螨,又称苹果全爪螨、苹果红蜘蛛、苹果红叶螨与榆全爪螨等,是苹果园的重要害虫之一。

【田间诊断】　苹果叶螨主要危害叶片,出现黄褐色失绿斑点,受害严重时叶片灰白,变硬变脆。该虫无吐丝拉网现象,一般不落叶。春季危害嫩芽,幼叶干黄、焦枯,严重影响展叶和开花。

【发生规律及习性】　该螨在我国北方苹果产区一年发生 7～9 代。以冬卵在短果枝、果台和二年生以上的小枝条分叉、叶痕、芽轮及粗皮等处越冬。翌年春天,国光苹果吐蕾期或金冠花序分离期,为冬卵孵化初期,至国光苹果初花期为冬卵孵化盛期,落花期孵化基本结束。冬卵孵化相当集中,从孵化到终止常为 10～20 天。因此,冬卵孵化盛期是第一个药剂防治的关键时期。由于冬卵孵化集中,故越冬代成螨的发生期也相当整齐。第一代夏卵发生期也较为整齐。因此,在第一代夏卵孵化基本结束,第一代幼螨、若螨发生盛期,成螨少量出现,尚未产卵,即国光苹果落花后半个月,是第二个药剂防治的关键时期。此后,该螨世代重叠现象日趋严重,全年发生数量最多、危害最重的时期是在 6 月下旬至 8 月上旬。一般 8 月末至 9 月初开始出现冬卵,盛期在 9 月中下旬,10 月上旬基本结束。

【预测预报】

(1)越冬卵孵化期预测预报 选择具有代表性的果园,在其中选定生长势中庸、越冬卵较多的 5 株树作为调查树。在每株树的树冠外围 4 个方位及内膛各选定一枝,从每条小枝上截取有 50~100 粒越冬卵的长约 5 厘米的枝段,并仔细统计越冬卵数,剪口用白漆封闭,5 个枝段固定于一块 10 厘米×10 厘米的白色小木板上,周围涂凡士林,宽约 1 厘米,将小木板固定在被调查树的树干上,并及时检查凡士林的粘着力是否下降。从苹果萌动初期开始,每天进行调查,记下粘在凡士林上的初孵幼虫数,然后用小针剔除,当累计卵孵化率达到 50%时发出预报,要求及时防治。

(2)发生量预测预报 在具有代表性的果园,采用对角线取样法,选定五个调查点,在每点附近选定一株长势中庸的树作为调查树。从 5 月上旬开始,每隔 2~4 天调查一次。每次调查时,在每株调查树树冠的东西南北中五个方位,各随机采枝条中部叶片两张,每树 10 张,统计苹果叶螨各个虫态和各种天敌的数量。在 6 月份以前,平均每叶活动态螨数达到 3~5 头时,应发出预测预报,并进行防治。6 月份以后,平均每叶活动态螨数达到 7~8 头时,应发出预测预报,进行防治。不过,益害比大于 1∶50 时可暂时不进行药剂防治。

【防治适期】 根据上述预测预报的结果,可以确定防治的最佳时机。鉴于该螨以卵越冬,因此消灭越冬卵是防治该螨的关键。

【防治方法】

(1)生物防治　保护和利用天敌,是行之有效的好方法。叶螨的天敌,主要有食螨瓢虫类、蓟马类、草蛉类和捕食螨类等,叶螨种群数量的消长在很大程度上受天敌的制约。果园内天敌与害螨的比值大于1∶50时,即使叶螨数量达到防治指标,也不必进行喷药,以充分发挥天敌的控制作用。确实需用药剂防治时,也应尽可能使用选择性杀螨剂,以减少对天敌昆虫的杀伤作用。

(2)化学防治　重点抓好越冬卵孵化盛期和第一代幼螨发生盛期这两个适期的防治。常用的农药有:5%尼索朗乳油2 000 倍液,15%螨死净悬浮剂2 500 倍液(以上两种药剂为杀卵剂),15%哒螨灵乳油3 000 倍液,5%霸螨灵悬浮剂2 000倍液等。

在越冬卵基数较大的果园,于苹果树发芽前喷布99.1%的敌死虫乳油或99%绿颖乳油、或95%机油乳剂80 倍液,消灭越冬卵,还可以兼治蚜虫。

3. 山楂叶螨

山楂叶螨,又叫山楂红蜘蛛、樱桃红蜘蛛。在我国北方及中、南部各果区均有发生,在山东南部、华北及西北地区发生十分严重。

【田间诊断】　雌成螨红色至暗红色,卵圆形,体背前方稍隆起。卵橙黄色至黄白色,圆球形。被害叶片呈现失绿斑,严重时在叶片背面甚至正面吐丝拉网,叶片焦枯,似火烧状。

【发生规律及习性】　山楂叶螨在我国北方果区一年发生6～9 代。各地均以受精后的冬型雌成螨在树皮缝内及树干周围的土壤缝隙中潜伏越冬。在果树萌芽期,越冬雌成螨开始出蛰,爬到花芽上取食为害,有时一个花芽上有多头害螨为害。果树落花后,成螨在叶片背面为害。这一代发生比较整齐,以后各代出现世代重叠现象。6～7月份高温干旱季节适于叶螨发生,为全年危害高峰期。进入8月份,雨量增多,湿度增大,加上害螨天敌的影响,害螨数量有所下降,危害随之减轻。受害严重的果树,一般在8月下旬至9月初就有越冬型雌成螨发生,高峰期出现于9月下旬。进入10月份,害螨几乎全部进入越冬场所越冬。

【预测预报】 山楂叶螨发生情况的预测预报如下:

(1)越冬雌成螨出蛰上芽为害期预测预报 在果园中按对角线取样法选定五个点,每点附近选定一株长势中庸的苹果树作为调查树。从苹果树萌芽开始,每隔两日调查一次。每次在每树树冠东、西、南、北及内膛等五个方位的外围偏内的部位,各随机调查4个短枝芽顶,每株调查树调查20个芽,共计100个,统计芽上的越冬雌成螨数,至开花时调查工作结束。每芽平均有越冬雌成螨2头时,即应进行防治。

(2)发生量预测预报 参照苹果叶螨发生量预测预报方法进行。

【防治适期】 在苹果开花前至初花期,冬型雌成螨绝大多数出蛰上树,尚未大量产第一代卵时,是药剂防治的第一个关键时期。苹果落花后7～10天,是药剂防治的第二个关键时期。此时,第一代幼、若螨发生较为整齐,第一代成螨尚未出现。此后各代重叠发生,各种虫态同时存在。高温干旱的天气,适合其繁殖发育。每年7～8月份发生量最大,危害也最严重。因此,在夏季大发生前,必须选用有效药剂将害螨数量压至最低点,这是全年药剂防治最关键的时期。

【防治方法】

(1)农业防治　加强栽培管理,增施有机肥,避免偏施氮肥,提高果树的耐害性。早春果树萌发前,彻底刮除主枝、主干上的翘皮及多皱处,予以集中销毁,消灭其中的越冬雌成虫。

(2)生物防治　主要是保护利用天敌。有条件的地方,可以释放捕食螨。天敌对害螨的控制作用非常明显。在药剂防治时,要尽量选择对天敌无杀伤作用或杀伤力较小的选择性杀螨剂,以发挥天敌的自然控制作用。

(3)化学防治　抓好越冬雌成螨出蛰盛期及第一代幼螨发生盛期这两个关键时期的喷药防治。7月份以前的防治指标,掌握在叶均3~4头,7月份以后为叶均5~6头。可喷施50%硫悬浮剂200倍液及0.5波美度石硫合剂。生长季防治山楂叶螨,可选用以下药剂:5%霸螨灵悬浮剂2 000倍液,15%哒螨灵乳油2 000~3 000倍液,20%四螨嗪悬浮剂2 000~3 000倍液,5%尼索朗乳油2 000倍液,99%机油乳剂200倍液,5%卡死克乳油1 000倍液等。

4.二斑叶螨

目前,二斑叶螨主要分布于北京、河北、河南、山东、甘肃、陕西和辽宁等省、市。该螨食性较杂,其寄主包括多种果树、蔬菜、花卉及棉花、大豆等大田作物,种群繁殖能力强,且易产生抗药性,极具危险性。

【田间诊断】　为害初期,该螨多聚集在叶背主脉两侧,所以受害叶片初为叶脉两侧失绿,以后逐步全叶焦枯。虫口密度大时,叶面结薄层白色丝网,或在新梢顶端聚成"虫球"。该螨的体色不同于多数害螨的红色,而为黄白色或黄绿色。因此,果农称为"白蜘蛛"。

【发生规律及习性】 该螨在我国北方主要苹果产区一年可发生 7～9 代,南方地区一年发生 15 代以上。以橙黄色越冬滞育型雌成螨在树干翘皮和粗皮缝隙内、果树根际周围土缝及落叶杂草下群集越冬。翌年春天,平均气温上升到 10℃左右时,越冬雌成螨开始出蛰。一般在地面越冬的个体,首先在树下阔叶杂草(主要为宿根性杂草)及果树根蘖上取食和产卵繁殖。早期多集中于树干和内膛萌发的徒长枝叶片上,不久逐渐向全树冠扩散。6 月中旬至 7 月中旬,为猖獗为害期。进入雨季虫口密度有所下降。雨季过后气温升高,如气候干旱仍可再度猖獗为害。至 9 月气温下降陆续向杂草上转移,进入 10 月份,开始出现越冬型成螨,陆续寻找适宜场所越冬。

【预测预报】

(1)越冬雌成螨出蛰为害期预测预报 在具有代表性、上年发生严重的果园,按对角线取样法选定 5 个调查点,在每点附近选根颈部有萌蘖的树二株,每株只保留一根蘖,将其余的剪除。从萌蘖萌芽期开始进行调查,到开花时结束。每天调查一次。每次调查各萌蘖的所有的新叶和茎干上的二斑叶螨出蛰越冬雌成螨情况,并计数。连续三日发现有出蛰雌成螨时发出预报,进行防治。

(2)发生量预测预报 参照苹果叶螨发生量预测预报方法进行。

【防治适期】 根据预测预报的结果,适时采取防治措施。

【防治方法】

(1)植物检疫 二斑叶螨目前主要分布于我国的北方地区。因此,在国内要加强检疫措施。在已发生的地区要认真防治,控制危害。在尚未发现虫情的地区,应定期组织专业普查。尽量避免从已发生该螨的地区调入苗木。若实在必要,则应该在苗圃起苗前一周彻底喷一次杀螨剂。

（2）农业防治　在越冬雌成螨出蛰前，刮除树干上的老翘皮和粗皮，消灭其中的越冬雌成螨。同时喷施 5 波美度石硫合剂，对抑制该虫在生长期的危害极为有利。施药时，对地面杂草和野菜也不能漏喷。

要除尽杂草。园内尽量不要间作蔬菜及豆科作物。不要用棉槐、刺槐等做果园的篱笆，已经栽植且不便于去除的，也要及时喷药防治。

果实成熟前，在主干部位束草诱集越冬螨，于冬季解下并集中销毁。冬季挖开根颈周围 20 厘米深的土层，捡出并集中销毁须根、杂草和覆草。

发现有该螨为害的地区，要抓紧防治，控制蔓延。

（3）化学防治　在生长季，可选用以下药剂：13％速霸螨水乳剂 1 500 倍液，5％霸螨灵悬浮剂 2 000 倍液，1.8％阿维菌素乳油 5 000 倍液，20％三唑锡悬浮剂 1 000 倍液，20％螨死净悬浮剂 2 000～3 000 倍液，5％尼索朗乳油 2 000 倍液，99％机油乳剂 100 倍液等，对二斑叶螨进行喷施防治。

5. 苹果小卷叶蛾

苹果小卷叶蛾，又名棉褐带卷蛾、苹小黄卷蛾。

【田间诊断】　幼虫除卷食叶片外，还舐食果面，在果面上咬食成许多大大小小的坑洼。幼虫浅绿色或翠绿色，身体细长，极活跃，触之能进能退。

【发生规律及习性】　苹果小卷叶蛾在辽宁、河北等省一年发生 3 代，在山东及陕西关中地区一年发生 3～4 代，在黄河故道地区一年发生 4 代。以 1～2 龄幼虫潜伏在剪锯口、翘皮下、枝杈缝隙及枯叶与枝条贴合处，做长形白色薄茧越冬。在苹果花芽开绽期，越冬幼虫开始出蛰，金冠盛花期为幼虫出蛰盛期,国光初花期为出蛰末期。幼虫在嫩芽花蕾上,吐丝缀叶为害。初孵幼虫多在卵块附近叶背的丝网下,或前代幼虫的卷叶内,稍大后则分散各自卷叶为害。幼虫活泼,行动迅速,受惊后虫体会剧烈扭动,从卷叶中脱出,并引丝下垂逃逸。幼虫有转迁为害习性。当食料不足时,常转迁到另一新梢上继续为害。幼虫老熟后,在卷叶或缀叶间化蛹,羽化时蛹壳一半抽到卷叶或缀叶外。成虫一般在下午5时左右羽化,白天潜藏在树冠内膛的叶片上,夜晚活动。对糖醋液有很强的趋性。各代成虫羽化期(以辽西地区为例):越冬代6月上旬至7月上旬,盛期6月中下旬;第一代在7月中旬至8月中下旬,盛期为8月上中旬;第二代在8月中旬至10月上旬,盛期为9月上中旬。成虫有强烈趋光性和趋化性。雨水较多的年份发生最严重,干旱年份发生少。

【预测预报】

(1)**越冬幼虫出蛰期预测预报** 在具有代表性且上年受害严重的果园内,按对角线取样法确定五个观测点,在每点附近选定两株主栽品种树,且品种一致。在每树有越冬虫茧的剪锯口或翘皮裂缝处标记虫茧20个。从苹果树芽萌动开始,每隔一日调查一次所有的标记虫茧,以空茧表示出蛰幼虫数。计算当日幼虫的出蛰率和累计出蛰率时,可按照以下公式进行:

越冬幼虫出蛰率(%)=出蛰幼虫数/调查总虫茧

当累计出蛰率达30%、且累计虫茧率达到5%时,发出预测预报,立即进行防治。

(2)**成虫发生期预测预报** 用前面的方法选定10株调查树,从田间发现幼虫化蛹开始,挂性激素诱捕盆于树冠的外围,距地面1.5米。每天早晨检查落入诱捕盆的成虫数,计数

162

后捞出。并根据每日诱蛾合计数绘制消长柱形图,从而判断成虫发生的高峰,向后推 7～10 天为卵孵化盛期。并在 7～10 天后进行防治。

【防治适期】 该虫的防治适期为越冬幼虫出蛰期和卵的孵化盛期。

【防治方法】

(1)农业防治 早春彻底刮除老树皮、翘皮及潜皮蛾幼虫为害的爆皮,消灭树体上的越冬幼虫,刮除下来的树皮碎屑,要集中销毁。

(2)生物防治

① 释放赤眼蜂 根据田间性外激素诱捕器诱蛾调查,当诱蛾量出现高峰后 3～4 天开始放蜂,以后每隔 5 天放蜂一次,连续释放 3～4 次。每次放蜂量为 500～1 000 头/株,平均每 667 平方米一次放蜂 3 万头以上。

② 利用苹小卷叶蛾颗粒体病毒(APGV)防治幼虫 在卵孵化期和 2～3 龄幼虫期,每 667 平方米喷洒 2.44～4.44 克患 APGV 病的虫尸体液,防治效果可达 80%～90%。患病虫尸的获得方法是:在室温为 20℃、相对湿度为 70%、每天光照 16.5 小时的条件下,用人工饲料饲养苹小卷叶蛾,从而搜集卵块,将病毒接种在卵块上,孵出的幼虫即可得病,将得病的虫尸捣碎,其粗提液即可使用。

(3)物理防治 在各代成虫发生期,利用其趋化性,在树冠下挂糖醋液(糖醋液配方为糖:酒:醋:水=5:5:20:80),或果醋液,或酒糟液,或发酵豆腐水,诱杀成虫。利用成虫的趋光性,装设黑光灯诱杀成虫,并可以此作为测报成虫发生期及数量消长的手段,指导药剂防治。

(4) 化学防治

① 涂药杀幼虫　冬季及早春发芽前,刮除老翘皮及幼虫越冬部位粗皮,幼虫尚未活动出蛰时,涂抹 80% 敌敌畏乳油 200 倍液,混加特效王等增效剂,消灭部分越冬幼虫。

② 树冠适期喷药　苹果小卷叶蛾越冬幼虫出蛰盛期与第一代卵孵化盛期,是防治该虫的两个关键时期。有效的药剂有:20% 米满悬浮剂 1 000～1 500 倍液,24% 美满悬浮剂 5 000～6 000 倍液,25% 灭幼脲 3 号悬浮剂 2 000 倍液。以上三种药剂,对花和天敌无影响,是首选的无公害药剂。

6. 顶梢卷叶蛾

顶梢卷叶蛾,又名顶芽卷叶蛾、苹白小卷蛾与芽白小卷蛾。

【田间诊断】　幼虫危害顶梢嫩叶,将数张叶片缠绕在一起,并利用叶背茸毛做成致密的虫袋,藏于其中。被害叶苞冬季不落,十分明显。有时还可危害花蕾、花和幼果。剥开被害叶苞,在致密的虫袋内可见污白色的幼虫,头部色深,红褐色至黑色。

【发生规律及习性】　顶梢卷叶蛾在辽宁、河北、山东和山西等省,一年发生 2 代;在河南、江苏、安徽及陕西关中地区,一年发生 3 代。以 2～3 龄幼虫在枝梢顶端卷叶团中越冬,少数在侧芽两边和叶腋处越冬。早春苹果花芽展开时,越冬幼虫开始出蛰,大多转迁到附近枝梢顶部第一至第三芽上为害。早出蛰的主要危害顶芽,晚出蛰的则向下危害侧芽。越冬幼虫老熟后,卷叶团中做茧化蛹。在一年发生 3 代的地区,各代成虫发生期为:越冬代在 5 月中旬至 6 月末;第一代在 6 月下旬至 7 月下旬;第二代在 7 月下旬至 8 月末。成虫对糖、蜜有趋性,略有趋光性。夜间活动,交尾产卵。卵散产,每雌产卵

100 余粒。卵多产在当年生枝条中部的叶片背面多茸毛处。卵期为 4～7 天。幼虫期约 20 天。初孵幼虫多在叶背主脉两侧啃食叶肉。稍大后,爬到枝梢顶端将叶片卷成疙瘩状。第一代幼虫主要危害春梢,第二、第三代幼虫主要危害秋梢。10月上旬以后幼虫越冬。

【预测预报】 参照苹小卷叶蛾的预测预报方法。

【防治适期】 该害虫防治的关键时期,是越冬代成虫产卵盛期和幼虫孵化期。

【防治方法】

(1)农业防治 冬季修剪时,彻底剪除被害梢是最有效的防治措施。

(2)化学防治 喷药的时间,应掌握在越冬幼虫出蛰活动初期,或各代幼虫为害的盛期,进行药剂防治。可喷施 20%米满悬浮剂 1 000～1 500 倍液,24%美满悬浮剂 5 000～6 000倍液,20%灭幼脲 3 号悬浮剂 2 000 倍液,2.5%功夫菊酯乳油 2 000 倍液等。

7. 金纹细蛾

金纹细蛾,又名苹果细蛾,俗称潜叶蛾。

【田间诊断】 幼虫潜入叶片上下表皮之间取食,使上下表皮与叶肉分离,皱缩,上表皮拱起,叶肉被吃成筛孔状。挑破皱缩的下表皮,可见一头淡黄色的小幼虫或黄褐色的蛹。当成虫羽化时,会在下表皮上残留蛹皮。严重时,一张叶片有数个乃至数十个虫斑,虫斑部位保持绿色,虫斑以外的部位失绿呈黄褐色,造成叶片提前脱落,粗看似落叶病症状。

【发生规律及习性】 该虫在我国大部分地区一年发生 5代,以蛹在受害落叶中越冬。春季苹果树发芽时,越冬代成虫羽化。成虫多集中于根蘖或发芽展叶早的品种上产卵。辽宁南部地区,4月中旬开始出现越冬代成虫。以后各代成虫发生盛期,第一代在5月下旬至6月上旬,第二代在7月上中旬,第三代在8月上旬,第四代在9月中下旬。10月中下旬,在被害叶内化蛹越冬。成虫多在早晨、傍晚飞舞、交尾和产卵,卵多散产于嫩叶背面。幼虫孵化后,从卵壳底部直接蛀入表皮下为害。1～3龄幼虫,主要吸食叶片表皮下汁液,使叶片表皮鼓起,呈泡状虫囊。4龄以后开始取食叶肉,仅留上下表皮,叶正面虫斑呈透明网眼状。幼虫老熟后,在虫斑内化蛹。成虫羽化时,蛹壳一半外露于泡囊一端。

【预测预报】 在具有代表性且上年受害严重的果园内,采用对角线法确定五个观测点,在每点附近选定两棵树,在树冠外围悬挂一个该虫的诱捕器,诱捕器距离地面1.5米。从当地苹果或梨树萌动时开始挂诱捕器,并在每天早晨检查落入诱捕器内的成虫数,计数后捞出,将每日诱蛾合计数绘成消长柱形图,从而判断成虫的发生期。在当年第一代成虫高峰期发出预测预报,进行防治。

【防治适期】 防治的关键时期,是各代成虫发生的盛期。其中5月下旬至6月上旬,是第一代成虫的发生盛期,此时的防治效果优于后期防治。

【防治方法】

(1)农业防治 清扫落叶,消灭越冬蛹,减少来年虫源。

(2)生物防治

①利用寄生蜂防治金纹细蛾 在我国,常见的金纹细蛾寄生蜂有八种,其中以金纹细蛾跳小蜂的发生量最大,繁殖力最强。这些寄生蜂均以在金纹细蛾为害的虫斑内越冬,发生代数和发生期基本与金纹细蛾同步。利用的方法是:秋季搜集有寄生蜂越冬蛹的叶片,在来年春天苹果的初花期,将叶片

放入网袋中,悬挂于树冠上部枝条的背阴面,每667平方米挂3~5个袋,每袋有寄主尸体5~10个,则每667平方米可出蜂150~500头,并且连续多年都可以收到防治效果。

②利用几丁质合成抑制剂　在金纹细蛾大量发生期,可采用25%灭幼脲3号悬浮剂1 500~2 000倍液喷雾,或5%氟铃脲乳油4 000~6 000倍液喷雾。

③使用性外激素诱杀　据山东省的防治经验,使用金纹细蛾性信息素防治金纹细蛾,平均每公顷挂22个诱捕器,于4月20日挂出,至7月31日调查,叶片被害率为5.4%,比不用信息素的减少77.6%。

(3)化学防治　5月下旬至6月上旬,是第一代金纹细蛾发生盛期,应抓住第一代成虫发生盛末期即第二代卵盛期进行防治。药剂可选用:阿维菌素类药剂2 000~8 000倍液,25%灭幼脲3号悬浮剂2 000倍液,20%杀铃脲悬浮剂8 000倍液,30%蛾螨灵乳油2 000倍液。

8. 绣线菊蚜

绣线菊蚜,又名苹果黄蚜、苹果蚜,俗称腻虫、油汗和蜜虫等。

【田间诊断】　危害新梢和嫩叶,被害叶片向下方弯曲或稍横卷,密布黄绿色的蚜虫和白色的蜕皮,严重时影响新梢生长,叶片早落。

【发生规律及习性】　该虫一年发生10余代,以卵在小枝条的芽侧和皮缝内越冬,在大枝条和树干的裂缝也有冬卵,但为数极少。冬卵常在树冠的西南面较多。翌年4月,苹果树萌芽后开始孵化,发育成为干母。干母寿命20天左右。干母经十余天即可胎生无翅雌蚜,称为干雌。以后则可产生有翅和无翅的后代。5月下旬出现有翅蚜,开始迁飞。自春季至秋季,均以孤雌生殖方式繁殖。前期繁殖较慢,6～7月间温湿条件适宜,繁殖速度快,虫口密度迅速增长,危害加重。随着气温升高,一部分迁至园外为害。8～9月份发生数量逐渐减少。10月份开始出现性母,迁飞产生有性蚜,雌雄交配,产卵越冬。

【防治方法】

(1)农业防治 冬、春季刮树皮和翘皮,以杀死越冬卵。苹果树萌动前,可对树上喷99%机油乳剂100倍液,杀灭越冬卵。在春季蚜虫发生量少时,可及时剪掉被害新梢,并集中销毁,有效控制蚜虫蔓延。此法适用于幼树园。

(2)生物防治 绣线菊蚜的天敌很多,主要有瓢虫、草蛉、食蚜蝇和寄生蜂等,这些天敌对绣线菊蚜有很强的控制作用,应当注意保护和利用。在北方小麦产区,麦收后有大量天敌迁往果园。这时,在果树上应尽量避免使用广谱性杀虫剂,以减少对天敌的伤害。

(3)化学防治 5月上旬,即蚜虫发生初期,用毛刷将配好的具有内吸作用的药剂稀释液,直接涂在主干上部或主枝基部,涂成6厘米宽的药环。若树皮较粗糙时,可先将粗皮刮去,但不要伤及嫩皮,稍露白即可。涂药后,用塑料布或废报纸包扎好。涂药时,切忌药液过浓,否则易发生药害。药剂涂树干,对于水源较远、取水困难的未结果树,尤其适用。常用药剂有10%烟碱乳油800～1 000倍液,3%啶虫脒乳油2 000～2 500倍液,25%辟蚜雾水分散粒剂1 000倍液,10%吡虫啉可湿性粉剂4 000～6 000倍液等。

9. 苹果瘤蚜

苹果瘤蚜,又名苹卷叶蚜、苹瘤额蚜,俗称腻虫、油汗。

【田间诊断】 被害叶片背面纵卷成筒状;叶片正面皱缩,

叶色发红以至干枯。枝条节间缩短,并逐渐干枯,影响枝条的生长和花芽的形成。

【发生规律及习性】 该虫一年发生 10 多代,以冬卵在小枝条的芽缝内、芽基、一年生和二年生枝条分权处越冬。在辽宁,越冬卵于次年 4 月上旬孵化,4 月中旬为孵化盛期,4 月下旬基本结束。初孵若蚜群集在嫩芽上为害,嫩叶展开时在叶背为害,以后又转害幼果。在 5～6 月份繁殖最快,危害也最重。受害重的叶片向下弯曲或纵卷,严重的皱缩枯死。5 月下旬至 6 月中旬,常产生有翅蚜迁飞扩大危害。自春季至秋季,均进行孤雌生殖。7～8 月份,田间蚜虫数量逐渐减少,10～11 月份出现性蚜。雌蚜与雄蚜交尾后,产下冬卵越冬。

【防治适期】 该虫危害叶片时形成的卷筒很紧,蚜虫隐蔽其中,防治比较困难。因此,应掌握在卷叶以前用药,才能收到理想的防治效果。

【防治方法】

(1)农业防治 早期发生量不大时,可人工摘除被害卷叶。冬、春季刮树皮和翘皮,杀死越冬卵。苹果树萌动前,树上可喷 99％机油乳剂 100 倍液,杀灭越冬卵。

(2)生物防治 保护利用天敌。蚜虫天敌种类很多,主要有瓢虫、食蚜蝇、蚜茧蜂和草蛉等。当虫口密度很低,不需要喷药时,应注意天敌的保护和利用。

(3)化学防治 生长季喷药防治,可选用的药剂,有吡虫啉类、啶虫脒类、10％烟碱乳油 800～1 000 倍液,25％辟蚜雾水分散粒剂 1 000 倍液。

10. 苹果绵蚜

苹果绵蚜,又名赤蚜、血色蚜虫、苹果绵虫。是国内外的重要检疫对象。原发生于美国,后传播到欧洲和世界各地。

在我国,目前分布于辽东半岛、胶东半岛、昆明、江苏、天津、河南和河北等地。不仅其危害地区有所扩展,而且危害程度也逐年加重。寄主植物以苹果为主,还有山楂、海棠、沙果、花红、山荆子、梨和美国榆等。

【田间诊断】 该虫集中于枝干上的剪锯口、病虫伤口、裂皮缝、新梢叶腋、短果枝、果柄、果实的梗洼以及根部为害。被害部位附着蚜虫和寄主组织受刺激形成的肿瘤,其上覆盖着大量的白色棉絮状物,十分容易识别。挖开受害植株的浅层根部,也可见该虫危害根系形成的根瘤。受害后树体发育不良,长势衰弱,产量降低。叶柄变黑、叶片黏附蚜虫的分泌物,影响光合作用,甚至提前落叶。果实受害发育受阻,品质下降。受害严重时,甚至危及树体的存亡。

【发生规律及习性】 该虫在我国仅以孤雌生殖的方式繁殖后代,属不完全生活史型。在辽宁,一年发生 12～14 代,全年活动时期约 7 个月。在山东,一年发生 17～18 代,全年活动时期约 8 个月。主要以 1～2 龄若蚜在树干伤疤、裂缝和近地表根部越冬。在全年中,苹果绵蚜数量常形成两次高峰。第一次高峰在 5 月下旬至 7 月上旬。约在 5 月上旬,苹果展叶期至开花初期,越冬若蚜成长为成蚜(无翅蚜),并开始胎生第一代若蚜,先在原处为害。5 月中下旬,产生第二代若蚜,自当年生枝条基部向上迁移至嫩梢、叶腋、嫩芽、枝干伤疤边缘和剪锯口缝隙等处为害。随着气温升高,数量急剧增长,成为全年数量最多、危害最重的时期。在 7～8 月间,苹果绵蚜数量常急剧下降,这是由于高温多雨,加上重要天敌(日光蜂)大量发生的缘故。第二次高峰在 9 月中旬至 10 月中旬。这次数量高峰为越冬奠定基础。自 10 月下旬至 11 月上旬发生大量一龄若虫四散蔓延。当旬平均气温降到 7℃ 左右时,若蚜进入越冬状态。

【防治方法】

(1)**植物检疫** 要加强植物检疫,严禁从疫区向非疫区调运苗木、接穗及其他繁殖材料。调运果品时也应严格检验,杜绝通过果品运输渠道扩散和蔓延。

(2)**农业防治** 在果树的休眠期,结合田间修剪及刮治腐烂病,刮除树缝、树洞和病虫伤疤边缘等处的绵蚜,剪掉受害枝条上的绵蚜群落,集中销毁。

(3)**生物防治** 主要是保护和利用天敌。苹果绵蚜的天敌主要有日光蜂、草蛉和瓢虫等。其中日光蜂的寄生率很高,对绵蚜有显著的控制作用。

(4)**化学防治** 苹果绵蚜多以若蚜在主干或根颈处群集越冬,可于萌芽前刮除老树皮,或在若蚜刚开始为害时喷药防治。有效的药剂有:48%乐斯本乳油2 000倍液,25%毒死蜱微乳剂1 000~1 500倍液,40%蚜灭多(蚜灭磷)乳油1 000~1 500倍液,35%硕丹乳油1 200倍液。

(二)主要病害的防治

1. 苹果树腐烂病

苹果树腐烂病,是我国苹果产区最严重的一种枝干病害,常造成局部枝干坏死,甚至全树死亡,是苹果树丰产、稳产的主要障碍。

【田间诊断】 危害枝干时,病部树皮腐烂,表现为溃疡型和枝枯型:①溃疡型。冬、春季病部初呈红褐色,椭圆形或长圆形,微隆起,组织松软,出现水浸状湿腐,按压后下陷,有时溢出红褐色汁液,有酒糟味,烂透树皮,甚至进入到木质部。以后病部表现出瘤状小突起,突破表皮后露出黑色小颗粒。

空气潮湿时,从中涌出金黄色、卷曲的丝状物。后期病部失水干缩下陷,病健组织交界处易裂开。②枝枯型。春季发病的小枝,由于病菌迅速蔓延,病部不隆起,不呈湿腐状,而迅速失水干枯,使病枝很快枯死。后期枯枝上出现黑色针尖大的小粒点。

【发生规律】 病原为苹果黑腐皮壳(*Valsa mali* Miyabe et yamada)属子囊菌亚门;无性阶段是壳孢菌(*Cytospora* sp.),属半知菌亚门。

病菌以菌丝、分生孢子器及子囊壳在枝干病斑树皮内越冬;也可在堆积于果园的离体树枝上越冬。春季树液流动后,病菌活动为害,使病斑迅速扩展,产生溃疡型症状或枝枯型症状。3~4月份,为发病盛期,病斑扩展速度最快。5~6月份,发病减轻,7~8月份发病较少,9月份以后发病又变多,11月份以后发病停止。3~11月份,果园中有腐烂病菌从剪锯口、冻伤处、落皮层皮孔及一切死伤组织侵入。一般来说,当树势衰弱或局部组织抵抗力下降时,潜伏的病菌开始活动为害,引起树皮腐烂。由于病菌的侵染时期长、途径多,并有潜伏侵染特性,所以,在无明显症状的树皮内,普遍潜伏有腐烂病菌。

【预测预报】 病菌越冬后,遇雨或相对湿度在60%以上时,分生孢子器内排出大量的分生孢子,在外表形成孢子角。一年中有两个发病高峰,即3~4月份和9月份。

【防治适期】 要在春、秋两季突击治疗,常年坚持,减轻危害。对病皮腐烂到木质部者,采取刮治,同时用药剂防治。而仅为表皮腐烂的,要采取割条涂药的方法进行防治。

【防治方法】

(1)农业防治 加强栽培管理,增强树势。控制果实负载量,提高树体抗病性。在腐烂病发生严重的地区,栽植抗病品种。结合冬剪、夏剪,清除病残枝干,在晚秋和早春分生孢子器形成前及时清除生病枝干,集中烧毁或搬离果园。要及时桥接或脚接病树,以加强营养输送,增强树势。进行树干涂白,阻止昼夜温差过大引起的日灼伤,减少病菌侵染。

(2) 化学防治 及时剪除病枝和刮除病疤。刮病疤时,只刮掉腐烂皮层即可。刮后涂腐必清 2～3 倍液,或 5% 菌毒清水剂 30～50 倍液或 2.12% 843 康复剂 5～10 倍液等,每隔30 天涂一次,共涂三次。发病严重的果园,春季发芽前全树喷布 5% 菌毒清水剂 100 倍液,或 20% 农抗 120 水剂 100 倍液等。

2. 苹果干腐病

又称胴腐病,是苹果枝干的重要病害之一。在东北三省及河北、甘肃、四川、山东、河南、浙江等省份均有分布。

【田间诊断】 该病主要危害枝干。幼树多在嫁接口处发病,大树在主侧枝上发病。病斑初为椭圆形或不整形,暗褐色,逐渐扩展为凹陷的带状条斑,长达数十厘米。黑褐色。病健交界处常裂开,病皮翘起以至剥离。病部生出许多稍突起的小黑点,成熟后突破表皮。幼树病斑沿树干向上扩大,严重时全树枯死。大树病斑有时仅发生在枝干的一侧。严重时许多病斑连片,树皮全部死亡,最后烂到木质部,导致全枝干死亡。衰老树多在上部枝条上发病,并迅速扩展,深达木质部,最终使全枝干死亡。干腐病还侵害果实。受害果实初生褐色小斑,逐渐扩大成同心轮纹状病斑。

【发生规律】 病原为葡萄座腔菌(*Botryosphaeria dothidea* (Moug et Fr) Ces. et. de. not),属子囊菌亚门;无性阶段为大茎点菌属(*Macrophoma*)和小穴壳菌属(*Dothioralla*),属半知菌亚门。

病菌以菌丝体、分生孢子器及子囊壳,在枝干病部越冬。翌春产生孢子,随风雨传播,经伤口侵入,也能经死芽或皮孔侵入。干腐病具有潜伏侵染的特性,先在伤口的死组织上生长一段时间,再侵染活组织。

干腐病寄生力弱,只能侵染衰弱的枝干和定植后缓苗期的苗木。凡地力条件差、管理粗放、植株生长衰弱、结果过多和伤口较多等均有利于发病。一般干旱年份或干旱季节发病较重,缺水的山坡或丘陵果园发病也较重。

苹果干腐病危害果实时,其症状与果实轮纹病相同。

【预测预报】 该病的发生与降雨有密切的关系。在辽宁南部果区,5月中旬至10月中旬均能发病,其中以降水量最少的6月份发病最多。7月中旬雨季来临时,病势减轻。在山东,以6~8月份和10月份为两个发病高峰期。在前一年秋雨很少、春季干旱和气温回升快的情况下,发病期大大提前。

该病的病原为弱寄生菌,在树势比较衰弱、管理粗放的果园发病较重。

【防治适期】 干腐病初期的危害只限于表层。因此,要在每年的两个发病高峰期雨量较少时,于发病的早期及时防治。

【防治方法】

(1)农业防治 要预防新栽幼树发病。栽树时应选择壮苗,剔除病苗和根系发育不好的劣苗。栽植时要施足底肥,并灌足水,缩短缓苗期。秋季要加强对大青叶蝉的防治,防止它在大枝条上产卵时造成伤口,避免冬、春季从伤口大量失水,从而减少干腐病的发生。

(2)化学防治 大树发病,多限于树皮表层,宜采取片削方法去掉病皮,以防病斑不断扩大。刮治后,给病部充分涂10%果康宝15～20倍液,或843康复剂原液,以防止复发和加速下面长出新皮。

果实发病时,可采用防治苹果轮纹病和炭疽病所用的药剂进行防治。

3. 苹果炭疽病

苹果炭疽病,又名苹果苦腐病。该病除危害苹果外,还危害桃、梨、葡萄、樱桃、杏、山楂和核桃等多种果树和林木。

【田间诊断】 果实发病初期,果面出现淡褐色的具有清晰边缘的圆形小病斑。以后病斑逐渐扩大,颜色变深并略凹陷。当病斑直径达1～2厘米时,中心开始出现小粒点(分生孢子盘)。粒点初为褐色,随即变为黑色,很快突破表皮,常呈同心轮纹状排列。如遇下雨或天气潮湿时,溢出绯红色黏质团(分生孢子团)。单个病果上可形成几个或几十个、多达上百个的小病斑。其中多数不扩展而变为小干斑,但其中一个病斑扩展即可使果实1/3～1/2腐烂。几个病斑相互融合,可致全果腐烂。烂果呈圆锥状,一般不深入果心。果肉褐色,较硬,味苦。烂果失水干缩,变成黑色僵果,或脱落,或悬挂在枝头终年不落。

衰弱枝条基部受害,在表皮形成褐色溃疡斑。后期病皮龟裂脱落,使木质部裸露,上部枝条干枯。果台受害,从顶部向下受害,重者则抽不出枝条。

【发生规律】 病原为围小丛壳[*Glomerella cingulata* (Stonem) Schr. et Spauld],属子囊菌亚门;无性阶段为盘长孢状刺盘孢[*Colletotrichum gloesporoides* (Penz.) Penz. et Sace.],属半知菌亚门。

病菌以菌丝体、分生孢子盘在苹果树上的僵果、果台、干枯枝条和病虫为害过的破伤枝条等处越冬。翌年,越冬病菌形成分生孢子进行初次侵染。果实发病后形成大量的分生孢子,进行再次侵染。果实自幼果期至成熟期均可感病。侵染盛期,北方一般从5月底、6月初开始,可持续至整个雨季结束,果皮逐渐老化后侵染减少。炭疽病菌具有潜伏侵染的特性。潜育期一般为3~13天,最短1.5天,最长114天。幼果期感病后潜育期长,果实成熟后潜育期短。一般6~7月份开始发病,直到果实成熟,发病盛期在高温多雨季节,在贮藏期如条件适宜,染病果可继续发病。

炭疽病有明显的发病中心。果园中心病株先发病,由此向周围树上蔓延,树上病果自最先发病的果实向下呈伞状分布。多数病斑发生在果实肩部。

【预测预报】 根据地区的不同,可分别于苹果树落花后或5月中旬开始进行田间孢子捕捉。其方法是:在园内选取历年发病较重的感病品种树五株,如国光、红富士、秦冠等树种,在苹果树展叶后,于每株树的东、西、南、北、中五个方位,各挂一涂有凡士林的载玻片,于花后每5天取回玻片镜检一次。发现病原孢子,立即预报喷药。

【防治适期】 重病地区,若雨量正常,一般应在谢花后半月的幼果期,病菌开始侵染时,喷布第一次药。以后根据降水量情况和药剂残效期,确定喷药时间和次数。

【防治方法】

(1)农业防治 加强栽培管理。合理密植和整枝修剪,及时中耕锄草,改善果园通风透光条件,降低果园湿度。按比例施用氮、磷、钾肥。健全排灌措施,防止雨季积水。

病菌主要在病枝、病果上越冬。结合冬剪,去除干枯枝、死枝及僵果,并及时销毁。这些措施都有利于抑制病害的发生。此外,要推广使用果实套袋技术。

(2)化学防治 发芽前喷铲除性杀菌剂。常用的有:10％果康宝 100～150 倍液,腐必清乳剂 100 倍液,3～5 波美度石硫合剂。一般常结合枝干轮纹病、腐烂病和干腐病等枝干病害,进行兼治。

生长期喷药,可与防治果实轮纹病相结合,喷 80％大生或喷克可湿性粉剂 800 倍液,50％多菌灵可湿性粉剂 600 倍液,70％甲基硫菌灵可湿性粉剂 600 倍液,25％溴菌腈 300～500 倍液等。

4. 苹果轮纹病

苹果轮纹病,又名粗皮病、轮纹褐腐病。是苹果上一种很严重的病害。该病除了危害苹果外,还危害梨、桃、海棠、杏、山楂和核桃等多种果树。

【田间诊断】 轮纹病主要危害枝干和果实,叶部受害比较少见。枝干受害后,以皮孔为中心,形成近圆形、直径为3～20 毫米的红褐色病斑。病斑中心突起成瘤状,边缘开裂。翌年病斑中心产生黑色小粒点(分生孢子器和子囊壳),裂缝逐渐加深,但不到达木质部。病组织翘起如马鞍状,有的可剥离脱落。病斑往往连片,使表皮十分粗糙,故又称粗皮病。

果实受害后,也是以皮孔为中心,生成水渍状褐色腐烂斑点,很快呈同心轮纹状向四周扩展,5～6 天后就可使全果腐烂。病斑不凹陷,烂果不变形,病组织成软腐状,常发出酸臭的气味。少数病斑的中央产生黑色小粒点,散生,不突破表皮。

叶片受害,病斑多为圆形,直径为 0.5～1.5 厘米,有轮纹,淡褐色,并长出黑色的小粒点。

【发生规律】 病原为梨生囊壳孢(*Physalospora pirico-*

la Nose)属子囊菌亚门；无性阶段为轮纹大茎点菌（*Macophoma kuwatsukai* Hara），属半知菌亚门。

病菌以菌丝体分生孢子器及子囊壳，在苹果被害枝干上越冬。当气温达到 15℃ 以上，相对湿度达到 80％ 以上时，遇雨病菌开始大量散发孢子，随雨水飞溅传播，经皮孔组织侵入。花前仅侵染枝干，花后枝干果实均可被侵染。侵染期为 4～9 月份，其中 6～8 月份侵染较为集中，2～8 年生枝条均可被害。谢花后直至采收，只要条件合适，都可以侵染果实，以幼果期雨季侵染率最高。

轮纹病菌有潜伏侵染的特性。侵入后可长期潜伏在果实皮孔内的死细胞层中，待条件适宜时再扩散。

【预测预报】

（1）物候观察法　春季苹果落花后，日平均气温达 20℃ 左右时，如有 10 毫米以上降雨，即有较多孢子散发，如连续降雨，会有大量孢子散发。幼果期及果实膨大期，较多或连续降雨，同样有利于孢子的释放。

（2）孢子捕捉法　在园内选感病品种（富士、元帅系等）枝干病斑较多的树 5 株，在每株树距枝干 5～10 厘米处，分东、西、南、北四个方位各固定一个玻片，使涂凡士林的一面对着有较多成熟孢子器的枝干。从开花期开始，每五天换一次，取回室内镜检，发现病原孢子，即可发出预报。再结合物候期观察和天气预报等情况，确定喷药的日期。

【防治适期】　防治苹果轮纹病，在早春 3 月份至发芽前刮除病瘤、病斑和粗皮，刮后及时喷药或涂药。落花后若有 10 毫米以上降雨，降雨后或降雨前应及时喷药，每隔 10～15 天喷药一次，共喷 6 次左右。

【防治方法】

（1）**农业防治**　加强栽培管理，增强树势，提高抗病力。铲除越冬菌源。结合果树冬剪，剪除病枝。对重病树要刮除病斑（即粗皮），将刮下的病皮和剪下的病枝收集起来，集中烧掉。

（2）**化学防治**

①**防治枝干轮纹病**　在春季萌芽前刮除病皮，而后涂抹腐必清2～3倍液，或5%菌毒清水剂30～50倍液，2.12%843康复剂5～10倍液，5波美度石硫合剂。或者喷洒70%甲基托布津可湿性粉剂100倍液，50%多菌灵可湿性粉剂100倍液，5%菌毒清水剂50～100倍液，5波美度石硫合剂等药剂。

②**防治果实轮纹病**　在生长季防治果实轮纹病，可选喷50%多菌灵可湿性粉剂600～800倍液，40%福星乳油8 000～10 000倍液，70%甲基硫菌灵可湿性粉剂800～1 200倍液，20.67%万兴乳油2 000～3 000倍液，68.75%易保水分散粒剂800～1 500倍液，1：2：240波尔多液等。

5. 苹果斑点落叶病

苹果斑点落叶病，20世纪80年代后在我国各苹果主产区相继发生，造成严重的早期落叶。

【田间诊断】　苹果斑点落叶病主要危害叶片，尤其是展叶后不久的嫩叶。叶片染病初期出现褐色圆点，直径为2～3毫米，后扩大至5～6毫米，红褐色，病斑为不规则形，部分或全部为灰白色，其上散生数个小黑点。有的病斑破裂或穿孔。天气潮湿时，病斑的正反面均可出现黑绿色至黑褐色的霉层。高温多雨的季节，老叶病斑扩大为不规则形大斑，长达几厘米，叶部局部甚至大部变成褐色，以至焦枯脱落。夏、秋季叶柄也会出现椭圆形、暗色凹陷斑,病叶脱落,或从叶柄病斑部折断。秋梢嫩叶染病严重,一张叶片上有几十个病斑,叶尖干枯,病叶扭曲。果实也可被害,幼果多出现黑色疮痂,近成熟的果实出现黑色、褐变。

【发生规律】 病原是苹果轮斑病病菌苹果链格孢(*Alternaria mali* Roberts)的强毒株系,属子囊菌亚门。病原以菌丝体在受害组织内越冬,翌年产生分生孢子随气流传播,侵入途径包括伤口和直接侵入,侵入适温为 28℃～31℃。苹果树发芽后,落叶病斑上的病菌产生分生孢子,随雨水飞溅传播,直到 6 月中旬,落叶病斑上仍可产生分生孢子。渤海湾地区,5 月中下旬在新梢嫩叶上出现病斑,5 月下旬至 6 月上旬开始产生分生孢子,病害进入激增期,7 月上旬至 8 月上旬进入盛发期。西部黄土高原区,5 月上中旬开始发病。病害的发生发展主要与降水量关系密切。降雨早,雨量大,此病发生早且重。树势与发病轻重有密切的关系。树势强发病轻,树势弱发病重。展叶 20 天以后的叶片,病原菌难以侵入。品种间的抗性差异也很显著。红玉高抗,而元帅系、富士系等则高度感病。

【预测预报】 在有代表性的果园,用对角线方法选用感病品种 5～10 株树,在每株的东、南、西、北、中五个方位,各选 2 个外围延长枝,挂布条做标记,每五天调查一次。每次调查每株树的 10 个枝条全部叶片的病叶率,和每片叶的平均病斑数。高感病品种,病叶率达 5％～8％;中感病品种病叶达 10％～15％时,应进行专用药剂的第一次喷洒;高感病品种,病叶率达 30％,中感病品种病叶率达 50％左右时,进行专用药剂的第二次喷洒。之后再根据病情的严重程度,在秋梢生长阶段进行 1～2 次防治。

【**防治适期**】 根据病害发生规律,对主栽的高感病品种,应在落花后 10 多天、平均病叶率达到 5% 左右时,用专用药剂进行第一次喷洒。当春梢病叶率达到 20%～30% 时,再喷一次专用药剂。秋梢阶段,病叶率达到 50%～70% 时,使用专用药剂防治。

【**防治方法**】

(1)**农业防治** 加强栽培管理,改善树冠内的通风透光条件,增强树势。清除越冬菌源。冬、秋季清扫果园落叶,结合修剪清除树上所残留的病枝、病叶集中沤肥或烧毁。

(2)**化学防治** 常用的专用药剂其浓度为:10% 宝丽安(多氧霉素)1 000～1 500 倍液,3% 多抗霉素 300～500 倍液,50% 扑海因 1 000～1 500 倍液。此外,国外的 50% 代森锰锌(如大生 M-45,喷克)800～1 000 倍液,68.75% 易保 1 200～1 500 倍液,也有较好的保护作用,应在降雨前使用。上述药剂的田间持效期多为 7～12 天,在病害严重上升时,应连喷两次。

6. 苹果褐斑病

苹果褐斑病,是造成苹果早期落叶的主要病害,在我国各个苹果产区均有不同程度的危害。除了危害苹果外,还可危害沙果、海棠和山荆子等。

【**田间诊断**】 主要危害叶片,也可危害果实。叶片上发病时,初期在叶背产生褐色至深褐色的斑点,斑点边缘不整齐。以后因品种和发病时间的不同,逐渐发展成为以下三种类型:

(1)**同心轮纹型** 叶片正面的病斑为圆形,暗褐色,直径为 1～2.5 厘米,周围有明显绿色晕圈,晕圈外的叶片变黄。后期,在叶片正面的病斑中间,产生许多条状小黑点,呈同心轮纹状排列,为病菌的分生孢子盘。病斑背面,中央深褐色,四周浅褐色,老病斑中央为灰白色。

(2)针芒型 病斑小,没有一定的形状,为深褐色至黑褐色,周围有黑色菌索分枝构成的针芒状,向外扩展。病斑分散,分布在叶片各部位。后期叶片变黄,但病斑周围仍保持绿色。秋雨多的年份,此类型发病较多。

(3)混合型 病斑暗褐色,较大,近圆形,或多个病斑连在一起,呈不规则形,边缘有针芒状黑色菌索。后期病叶变黄,病斑中央多为灰色,但周围保持绿色,病斑外部变黄,病斑上散生许多条状黑色小点,为病菌的分生孢子盘。

果实发病,多在生长的后期出现症状。开始时,果面产生褐色近圆形小斑点,扩展后变成长圆形凹陷斑,黑褐色,大小为 0.6~1.2 厘米,边缘清晰。病皮下浅层果肉褐色,呈海绵状干腐。病斑表面散生具有光泽的条状小粒点,为病菌的分生孢子盘。

【发生规律】 病原为苹果盘二孢[*Marssonina coronaria* (Ell. et Davis) Davis],属半知菌亚门。据国内外报道,其有性阶段为 *Diplocarpon mali* Harada et Sawamura,属子囊菌亚门。病原菌以原子囊盘和未受精的菌丝团,在上面的落叶和残留在树上的病叶内越冬。翌年当气温上升、多雨时,形成子囊孢子及拟分生孢子作为初侵染结构,而以子囊孢子为主,引起初侵染。病菌孢子通过风雨传播,以孢子芽管或附着孢——侵染丝,直接从叶面或叶背侵入,以叶背为主。病害的潜育期一般为 6~12 天,最短 3 天,最长为 31 天。在田间,从发病到落叶需要 13~55 天。一般随气温升高而缩短,可再次侵染。再侵染的结构为分生孢子。一般该病在 5 月底至 6 月初开始发病,7~8 月份进入发病盛期。

【预测预报】　由于受气候的影响,此病在不同地区的发病早晚和轻重不同。在辽宁及河北、山东中北部果区,多从6月中下旬开始发病,7月下旬至8月份为发病盛期。黄河故道和陕西中部果区,5月中下旬开始发病,7～8月份为发病盛期。在同一个地区,降雨早,发病也早;降雨次数多,雨量大,发病重;反之则轻。树冠郁闭,通风透光不良,发病重。果园地势低洼,积水,杂草丛生,则发病重。不同品种的苹果树,富士、国光和金冠发病较重,而秦冠、鸡冠和青香蕉等发病轻。

【防治适期】　褐斑病的防治时期要根据病害发生特点和田间防治经验,在病菌孢子大量传播之前,或在发病始期开始喷药。而后根据降雨和田间发病情况,每隔15～20天喷药一次。

【防治方法】

(1)农业防治　增施农家肥和绿肥等有机肥,避免偏施氮素化肥,增强树体抗病能力。合理修剪,改善果园的通风透光条件,降低树冠内空气湿度。特别是要减少富士品种的环剥次数,使其保持较强的抗病能力。地势低洼的果园,雨后要及时排水。在秋末冬初和春季苹果发芽前,要彻底清扫园内病、落叶,予以集中销毁或深埋,消灭病菌的侵染来源。

(2)化学防治　防治褐斑病的首选药剂为波尔多液,其常用的倍式为1:2.5～3:200倍。使用铜制剂防治该病,要注意天气条件、果实发育时期和用药浓度。幼果期要慎用。其他常用药剂,还有50%多菌灵600～700倍液,70%甲基托布津700～800倍液,50%百菌清700～800倍液,80%大生或喷克700～800倍液等。

7. 苹果霉心病

苹果霉心病,又名苹果心腐病,是元帅系品种及北斗、富士与王林等品种上流行的一种重要的果实病害。

　　【田间诊断】　在果实接近成熟期至贮藏期发病。其症状包括两种类型：一种是霉心类型；一种是心腐类型。发病初期，果实外观正常，但切开果实观察，其果心有褐色、不连续的点状或条状小斑点，以后小斑点融合成褐色斑块，心室中充满黑绿、灰黑、橘红和白色霉状物，使果心发霉，心室壁变成黑色，称为霉心。此后，果心中的一些霉状物能突破心室壁，向外面的果肉扩散，使果肉变成褐色或黄褐色湿腐状，并一直烂到果皮之下。有时果肉干缩，呈海绵状，具苦味，不堪食用。将烂到果肉的这种类型称为心腐。当果实心室外的果肉开始腐烂时，仔细观察，病果果面微发黄，稍变软。生长期树上的果实易脱落。

　　【发生规律】　该病是有多种真菌侵入苹果心室后引起的。常见的真菌有：链格孢菌、粉红聚端孢菌、镰刀菌、棒盘孢菌和狭截盘多毛孢菌等。

　　引起苹果霉心病的病菌，多为腐生性很强的真菌，在自然界分布很广。在苹果园树体表面、枯死小枝、树上树下的僵果、杂草、落叶、土壤表层及周围植被上，普遍存在着。春天，当温度和湿度合适时，病菌开始产生分生孢子，借气流和雨水传播。苹果花瓣开放后，雌蕊、雄蕊、萼筒及部分花瓣等组织，会很快感染霉心病。到落花期，雌蕊柱头基本被病原菌所感染。病菌再通过开放或褐变的萼心间组织，侵入到果实心室，造成心室发霉和果实腐烂。病菌侵入后，多数病果只有到果实快成熟或成熟后，病菌才开始在果肉中扩展。到贮藏期，随着果实的衰老，发病更加明显。

　　【预测预报】　霉心病的发生，随发生年份、地区、果园及树体间的不同，差异十分显著。花期温暖、潮湿，夏季忽干忽湿的年份或地域发病重。果园管理粗放,四周杂草丛生,果树结果量大,有机肥不足,树冠郁闭,树势衰弱等,都有利于发病。

【防治适期】 在苹果的生长期,应抓住三个关键时期进行防治:①花芽开始露红期;②初花期;③幼果期。

【防治方法】

(1)**农业防治** 苹果采收后,清除苹果园内的病果、落果和落叶,予以集中销毁或深埋。选用萼心组织结构比较严密的品种进行栽培。苹果采收后,应立即放到15℃以下的库内短期预贮,然后放入气调冷库中贮藏。

(2)**化学防治** 在苹果花芽开始露红期,结合防治苹果白粉病、套袋果黑点病和山楂叶螨,喷洒45%硫悬浮剂300～400倍液,或喷洒甲硫·铜400～500倍液,以铲除树皮、干树枝上产生的病菌分生孢子。在苹果初花期,喷洒对坐果率无影响的10%宝丽安(多氧霉素)1 500倍液,以杀灭在花器上的病菌。苹果落花后7～10天,结合防治果实轮纹病,喷洒50%多菌灵600倍液,或70%甲基托布津800倍液、80%代森锰锌800倍液、40%福星8 000～10 000倍液、7.2%甲硫·铜300～400倍液,70%多菌灵·乙磷铝500～600倍液,防治霉心病。

第八章 采后处理、贮运与加工

一、认识误区和存在问题

(一)"小生产"与"大市场"矛盾突出

我国苹果产业的组织化程度低,基本上是以家庭为单位,规模小,投入不足,缺乏组织性,从生产到销售各环节之间关联性差,很难实现产、运、贮、销一体化,削弱了终端产品的竞争力。龙头企业规模小,数量少,市场竞争力不足,对产业的带动能力不够,没有与果农形成合作共同体。企业品牌意识不强,尽管许多苹果生产企业和产地也注册了一些品牌,但产品质量参差不齐,被盗用和假冒的情况也十分严重,无法保证品牌的质量和信誉,难以形成国际知名品牌,因而在国际市场上也难以占有一席之地。在苹果生产的标准化方面,与先进国家存在较大差距,与国际标准和国际市场接轨性差。

(二)过早采收影响果品质量

目前,我国苹果品种结构不尽合理,熟期相对集中,多数苹果生产者既没有充足、完备的贮藏保鲜设施,又无法及时、准确地获取市场信息,常因担心错过商机而急于采摘和销售。一些苹果经营者和贮藏企业受市场利益的驱动,不顾苹果成熟度对苹果质量和贮藏效果的影响,鼓励果农提早采收(俗称"采青")。据调查,一些果园将红富士苹果的采果时间提前近

1个月。而早采的苹果,果实发育和营养物质转化不充分,果实硬度和酸度偏高,可溶性固形物含量偏低,使苹果失去了本品种应有的口感、风味和营养,贮藏中易产生虎皮病等生理病害。口感、风味和营养是激发消费者购买和食用欲望的前提,如果苹果的色、香、味不佳,必然会严重影响其市场信誉,长期如此,就会丧失经销商和消费者的信任,从而对苹果产业和销售造成极大的负面影响。当然,也不能采收过晚。否则,果实过分成熟,耐贮性会大大下降,也会增加果实对二氧化碳的敏感性,采用气调或小包装自发气调贮藏容易出现二氧化碳伤害等生理病害。

(三)对采后处理重视不够

对于苹果来说,采收的果实还算不上真正意义上的商品,仅仅是可以在集市或农贸市场买卖的初级农产品。而按照有关标准或买卖双方约定进行分级、包装后,才算作为商品销售。世界苹果生产先进国家的鲜食苹果,都要经过机械清洗、打蜡、分级和包装等处理,然后投放市场。我国对苹果从产品到商品的转化过程不够重视,经过采后商品处理的苹果仅占总产量的1%左右。

众所周知,我国自产苹果的销售价格较低,还经常出现滞销,而国内消费者对超市出售的从美国、澳大利亚等国进口的苹果青睐有加。究其原因,主要是苹果大小、色泽整齐划一,等级分明,优质优价。苹果采收后,果实的大小、色泽与品质有明显差异,混在一起不便于进行买卖和产品信誉的树立。对于果农或经销商,混等卖和分等分级后销售相比,商品价值和利润会有较大的差距。据测算,我国陕西、山东和辽宁等省苹果主产区果园,平均每667平方米可生产红富士苹果2 500

千克,其中,果径 80 毫米以上的苹果占 70%以上,计 1 750 千克。若混等出售,产值为 4 000~4 500 元(价格 1.6~1.8元/千克)。若分级出售,果径 80 毫米以上的苹果产值为4 550~4 900 元(价格 2.6~2.8 元/千克),其余 750 千克果径在 80 毫米以下的苹果产值 750 元(价格 1 元/千克),合计产值为 5 300~5 650 元。可见,通过分等分级可增加收益30%左右。

如今,我国苹果生产者和经营者,已经逐渐认识到包装对果品销售的重要性,设法改进苹果包装,苹果包装正朝着美观、经济和多样化方向发展。应该注意的是,苹果的贮藏包装应当实用、便于存放和周转使用。为便于物流运输和贮藏码垛,应当加强苹果销售包装和贮藏包装的标准化。

(四)对苹果贮藏保鲜技术
研究缺乏持续投入

1980~1995 年,是新中国成立后我国苹果发展的一个小高峰期,也是苹果贮藏保鲜工作辉煌的 15 年。其标志性成果有苹果双相变动气调贮藏(TDCA)理论的提出及红香蕉苹果产地节能贮藏保鲜技术。该技术结合土窑洞、通风库和冷凉库等贮藏设施的建造使用,减少了苹果的采后腐烂损失,延长了苹果的供应期限,提高了苹果贮藏质量,为我国苹果产业的发展做出了巨大贡献。然而,上述成果是当时我国冷库和气调库严重不足时的产物,如果采前轮纹、炭疽等真菌病害严重,由于贮藏前期温度较高,土窑洞、通风库等无制冷设备或制冷设备马力不足,就会造成苹果大量腐烂,贮藏期缩短。据不完全统计,苹果采收后,由于苹果轮纹病、炭疽病和干腐病等侵染性病害的危害,贮至 2~3 个月时,烂果率常达 20%~

30％；至贮藏中、后期，虎皮病、苦痘病和二氧化碳伤害等生理性病害的发病率，通常在 30％～40％，严重影响贮藏保鲜苹果的质量和经济效益。

近十几年来，我国苹果产业发生了前所未有的变化，进入高速发展阶段。苹果产量由 1991 年的 450 余万吨，上升到 2005 年的 2 500 万吨；品种结构也由 20 世纪 80 年代以前的以国光、元帅等为主，逐步调整为 20 世纪 90 年代以后的红富士、元帅系、国光、金冠、乔纳金、嘎拉和青苹等多品种的结构。目前，晚熟的富士品种占我国苹果产量的 60％以上，已引起学术界和管理高层的关注，适当压缩晚熟品种比例和增加中、早熟品种比例，是今后我国苹果产业的发展方向。红富士苹果居主导地位的主要原因是，红富士耐贮性好，而元帅系、金冠、乔纳金、嘎拉和青苹等酸甜适口、芳香浓郁的品种，在常温下不耐贮藏。这在一定程度上反映出我国对苹果贮藏保鲜技术研究工作缺乏足够重视和持续投入。红富士虽属耐藏品种，但采后环节还有许多技术问题，如贮藏后期的虎皮病、二氧化碳伤害、采收成熟度指标、物流损失与货架期等问题。对于不耐贮藏的元帅系、金冠、乔纳金、嘎拉及易发生虎皮病的澳洲青苹等品种的适宜采收期、气调贮藏指标、果实发黏、虎皮病及延长货架期保鲜技术等，均缺乏系统研究。而上述任何一个问题不解决，均会对我国苹果产业的持续发展造成严重影响。

（五）贮藏苹果数量少，质量低

贮藏保鲜是苹果产业链条中必需的一环，是解决苹果丰产滞销、集中上市的重要途径之一。我国苹果产业以鲜食为主，国庆节、中秋节、元旦、春节和"五一"国际劳动节前后，是苹果销售旺季,元旦、春节和"五一"国际劳动节更是销量大,价格好。因此,贮藏保鲜是我国苹果产业增值、增效的重要手段。据调查,辽宁西部果农采用通风库自产自贮国光、富士苹果,贮至春节前后,一般增值 0.6～0.8 元/千克。陕西苹果贮藏企业气调库贮藏,苹果增值在 0.6～0.8 元/千克左右,冷藏库在 0.3～0.4 元/千克左右,通过贮藏保鲜,每 2 500 千克苹果净增值 1 000 元左右,提高效益 25%。但是,使用通风库苹果贮藏期短,寒冷地区如辽宁西部、冀北山区、黄土高原部分地区,至多可贮至春节前后。如果再延长贮藏时间,出库后苹果货架期短、品质难以保证。

近年来,随着全球气候转暖,气温升高,简易贮藏保鲜难度加大。气调库和大型冷库贮藏,技术含量和管理水平高,能够充分保证贮藏时间和果品质量。但是,现阶段我国苹果贮藏企业与果农还没有形成利益共享、风险共担的格局,贮藏企业经营成本高,市场风险大,对于中低档苹果,在与土窖、通风库贮藏的竞争中,处于不利地位。目前,我国苹果贮藏能力约占总产量的 20%,比美国等发达国家低 60 个百分点,而且我国主要以土窖、通风库等简易贮藏为主,气调贮藏仅占 3%～5%,贮藏苹果的质量难以满足国内外市场的需要。

(六)缺乏有效的质量评价体系

我国还没有形成完善的苹果质量标准体系,一些经营者和消费者认为果实不烂就可以了。其实,不烂对于果品只是一个最基本的要求,作为鲜食农产品,必须满足消费者对品质、滋味和营养等方面的要求。苹果贮藏到春节以后,尤其是"五一"国际劳动节前后,不同贮藏条件(土窑洞、通风库、冷库、气调库)贮藏的苹果,在品质、滋味和营养上完全不同。如果仅仅以不烂作为评价苹果质量的标准,势必严重打击冷藏和气调贮藏企业的积极性,导致贮藏苹果整体质量下降,而消费者也会逐渐对贮藏苹果失去消费兴趣。事实上,采用先进的贮藏技术,如气调或冷藏结合 1-MCP(1-甲基环丙烯)保鲜技术,多数中、晚熟品种可贮藏至"五一"国际劳动节,甚至可实现周年供应,贮藏后基本接近苹果采收时的新鲜度,品质远远好于设施栽培的反季节水果。因此,对于鲜苹果的销售和贮藏,首先要制定科学、实用、符合市场实际的质量标准,然后依据标准对贮藏苹果的质量进行检验和评价,引导和鼓励贮藏企业自觉提高贮藏效果和产品质量。

(七)对苹果货架表现问题缺乏重视

一些同志一直强调水果的贮藏期,认为贮藏期越长,越有价值;而对于水果货架期的表现,则缺乏足够的重视。其实,果实的寿命是有限的,贮藏期越长,货架期相对越短,贮藏期过长会使货架期损耗大幅度提高。苹果能不能卖出去,能不能卖个好价钱,归根结底要看消费者的认可程度。发达国家普遍采用苹果气调库贮藏,主要原因就是气调贮藏的苹果,货架期长。另外,随着全球经济一体化的发展,南半球和北半球果品生产和销售,已形成互补之势。就苹果而言,我国夏、秋季收获,冬、春为淡季;南半球正好在我们的冬、春季时收获,尽管目前还存在价格差异和国际农产品贸易壁垒,但澳大利亚、新西兰的澳洲青苹和嘎拉等苹果,已经进入我国市场。

(八)苹果加工存在一些实际问题

目前,我国苹果加工量约占苹果产量的 20%,其中绝大多数是用于苹果浓缩汁的加工。2004 年,我国浓缩苹果汁出口量为 48.7 万吨,占世界浓缩苹果汁年贸易量的一半以上。但我国苹果加工业整体上还处于起步阶段,存在着一些实际问题。

一是加工产品单一。我国苹果加工品主要是苹果浓缩汁,且主要用于出口。最近 2～3 年,市场价格逐步升高,但仍不时受到国际贸易保护和反倾销的影响。苹果酒和苹果醋虽有所发展,但产量还很有限,苹果脆片等休闲食品市场尚未形成规模。

二是鲜食加工兼用品种少。由于品种结构原因,用于苹果浓缩汁加工的品种主要是富士,而富士最大的缺点是酸度低,糖酸比例不合理。适于加工的金冠、国光、红玉与澳洲青苹等品种,栽培面积和产量比例都不大。

三是大力发展加工专用品种不适合国情。我国土地资源的不足,加上一家一户的生产体制,因而加工用苹果难以连片规模经营。苹果浓缩汁生产成本的 60% 是原料费。果汁加工企业要实现盈利,原料苹果价格不能超过 0.7～0.9 元/千克(浓缩汁售价按 650～1 000 美元/吨计算)。可见,发展加工专用品种苹果,苹果生产效益将无法得到保障。另外,加工专用品种一般风味酸涩,果个较小,不宜鲜销,若盲目发展则有较大的市场风险。

四是加工原料苹果存在如何长期贮藏保鲜的问题。苹果采后在常温下存放过久,果实软化,不利于榨汁,酸度也会大幅下降。只有妥善贮存保鲜,才能生产出优良的加工产品。

二、提高采后效益的途径

提高苹果效益是一个系统工程,涵盖质量、卫生、贮藏、品牌、物流和加工等诸多环节。保障果实卫生和质量,是提高苹果效益的根本前提,这方面内容采前有关章节已有阐述。苹果采前质量与采后的贮藏保鲜和加工紧密相关,果实品质直接影响到果实贮藏和加工性状。提高苹果采后效益的方法途径如图 8-1 所示。

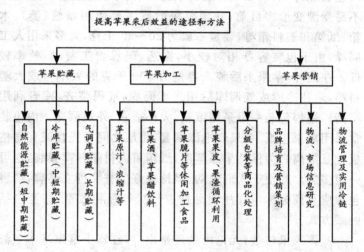

图 8-1　提高苹果采后效益的途径和方法

（一）商品化处理

1. 分　级

苹果按大小、颜色甚至糖度分级,是苹果实现商品化的基本要求。大小、颜色整齐划一,便于按质论价,优质优价。果品分等分级,提高果实整齐度,也是达到苹果效益最大化的前提要求。山东、陕西等苹果产区已基本实现机械分级,部分大公司实现自动化分级。采用光电设备,按照果实着色度分级和无损在线按内质分级,在国内还较少。对于如富士等皮薄、肉脆、容易受伤的品种,分级前应套上网套按重量进行分选,否则容易使果实受伤而在贮运过程中腐烂,损耗增大。

2. 包 装

苹果包装,分贮藏包装和销售包装两种。销售包装包括内包装和外包装,贮藏包装要求抗压(便于安全操作和堆码),不易受潮变形。目前,我国苹果贮藏主要使用条筐(篓)、木箱、纸箱和塑料箱等,装量一般为20～30千克,大多采用人工码垛,由于包装容器相对较小,搬运、码垛费工费时,效率较低。在国外,苹果采后装入容量为400千克的大木箱或大塑料箱,运往冷库或气调库后用叉车码垛,堆码整齐,库容利用率高。销售包装一般采用纸箱,大小适宜,外观漂亮。内包装常采用单果包纸、单果套泡沫网套,每层之间用托盘或瓦楞格板相互隔离。为保持果品鲜度,纸箱可内衬塑料薄膜袋,也可一箱多袋;为便于人们选购、保持良好信誉和创立品牌,销售包装应有商标标识并注明品种、产地、等级和数量,甚至包括贮藏方式。

我国苹果包装,无论内销还是出口,红富士苹果基本上都采用纸箱或套箱(天地盖),PE膜内衬,托盘包装。规格为10千克/箱、15千克/箱或20千克/箱。内地销售的苹果,其包装规格不一,大多采用成本较低的纸箱,分层、分格包装。目前,苹果包装出现两个发展趋势:一是小包装。销售包装,过去都在20千克/箱以上,30千克/箱也相当普遍,现在基本上稳定在10～20千克/箱。二是上档次。包装箱设计非常精美,具有一定的造型,其上还有华美逼真的图片,非常引人注目。内包装也发生变化,由网套向包纸、网套与小包装盒三组合发展。另外,透明包装、组合包装和礼品包装,成为果品包装的潮流。

（二）贮藏保鲜

1. 适时采收

采收期对苹果的品质和耐贮性,有重要的影响。采收过早,果实发育不完全,营养物质转化不充分,对苹果外观、口感和风味均有不良影响,贮藏中容易诱发虎皮病和苦痘病,并易失水萎蔫和产生低温伤害。晚采虽有利于提高果实外观色泽和内在品质,但采收过晚,果实采后很快或早已进入呼吸高峰,容易发绵,有些品种容易产生水心病,果实耐贮性大大下降,贮藏中对二氧化碳的忍耐力也有所下降。采收成熟度对于苹果贮藏尤其是长期贮藏有很大的影响。果实成熟度和适宜采收期,主要依据以下几个方面进行判断:

(1)果实外观和种子颜色 果实成熟时,其大小、形状和色泽等方面基本表现出本品种的固有性状,果实种子变褐。

(2)果实生长发育期 在一定的栽培条件下,同一品种的苹果果实,从落花到成熟的天数大致相同,可以根据果实的发育期,即花后天数确定其适宜采收期。不同品种的果实发育期差异很大。我国主栽苹果品种的适宜采收期见表8-1。不同地区因气候不同,所栽苹果树果实的生长发育期,可能稍有差异。

表 8-1　我国主栽苹果品种的适宜采收期

品　　种	红　星	金　冠	乔纳金	陆　奥	王　林	国　光	富　士
花后天数	140～150	140～145	155～165	150～160	160～170	160～165	170～175

摘自《苹果学》(束怀瑞,1999)

(3)果实理化指标 在果实发育过程中,果肉硬度、淀粉含量、可溶性固形物和总酸量等理化指标不断发生变化,随着果实成熟度的提高,果实硬度、淀粉含量和总酸量下降,可溶性固形物含量逐渐增加。我国对入贮苹果的生理指标也作了要求,采收指标及其测定方法可参考国家标准《苹果冷藏技术》(GB/T 8559—1987)。采用果肉硬度、淀粉含量和可溶性固形物含量等理化指标,确定果实成熟度及采收期,较为科学和准确,测试方法也不复杂,可以在我国苹果产区广泛采用。表8-2列举了美国元帅、金冠苹果长期气调贮藏的采收标准,供作参考。其中,淀粉指数1级是指果实横切面全部染色,淀粉指数6级是指果实横切面均未染色,即淀粉消失。

表 8-2 美国用于长期气调贮藏的元帅和金冠苹果的采收标准

品　　种	果肉硬度 (kg/cm^2)	淀粉指数 (1～6级)	可溶性固形物 含量(%)	酸含量 (%)
元　帅	7.7	1.6	10.0	0.27
金　冠	7.3	2.7	11.5	0.70

资料来源:Eugene Kuperman,Washington State University,Tree Fruit Research and Extension Center,WA,2000

(4)呼吸强度和乙烯含量 苹果成熟过程中,具有明显的呼吸、乙烯跃变峰,用于贮藏尤其是长期贮藏的苹果必须在呼吸跃变期开始之前采收。果实呼吸强度和乙烯释放测定,需要大型仪器设备,在此不详细介绍。

2. 适法采收

苹果采收过程中,必须防止各种机械损伤。采收人员应戴上手套,采果用的篮与筐,内部需垫衬柔软材料。采果、捡果要轻拿轻放,严禁倾倒。在运输过程中,也要防止挤、压、碰、撞等。堆放果实时,果堆高度以50厘米左右为宜,以便散热。露地临时堆放苹果,白天应有草苫、苇席等遮盖,以防太阳直射造成果实日灼,傍晚撤去遮盖物,以便散热。

为确保果实质量,苹果采收宜分次进行。第一次采收树冠外围、上部成熟和着色较好的果实,第二次在第一次采果后1周左右进行,采收树冠内膛、中下部的果实。

苹果,宜在阴天或晴天露水干后至上午10时和傍晚采收,避免在露水未干和中午前后太阳直射或高温时采收,以防果实腐烂和降低果肉硬度。晚熟品种在北方寒冷果区,应于气温降至－2℃以前采完,以免果实冻在树上。万一果实冻在树上,必须在解冻后采收,以免大量损伤。

3. 采后处理

苹果采后处理的目的,是提高果实商品性状,减少贮藏期间病害的发生。其处理的内容,有清洗、药剂浸泡和打蜡等。欧美国家苹果多不套袋,果面附着尘土和药斑,采后需要清洗。套袋果果面光洁,不需清洗。另外,不是所有苹果品种的果实都适合打蜡,对此需要加以注意。

虎皮病是贮藏后期影响元帅、红星及澳洲青苹等品种果实最主要的生理病害。以前,国外通常采用0.2%～0.25%的二苯胺(DPA)药液浸果的方法来防止。目前,DPA的使用越来越受到严格限制。国内有采用含有二苯胺或乙氧基喹的药纸包果,和用0.25%～0.35%乙氧基喹药液浸果的。近年来,人们发现一种乙烯抑制剂——1-MCP,对苹果虎皮病有极好的防治效果,可以基本或完全抑制苹果贮藏后期虎皮病的发生。

对于由真菌引起的病害,在0℃的贮藏温度和气调贮藏条件下,基本可以控制。在高温多湿地区或降水量较多的年份,可采用特克多、苯莱特或仲丁胺等药剂浸果或熏蒸进行防治。需要指出的是,如果贮藏温度过高,采用何种药剂也无法抑制腐烂。

4. 运输条件

进行苹果运输,应根据品种特性、成熟期、运输距离、天气情况以及贮藏期长短等来决定运输方式。尽量缩短运输时间,尽可能创造适宜的低温、湿度等条件,减少果实在运输途中的损失。富士苹果收获季节运输一般不需预冷,元帅系的新红星和红香蕉等,以及嘎拉、金冠和乔纳金等,收获季节预冷后运输,果品质量有保障,果实鲜度明显好于常温运输。如果没有预冷条件,采用适当厚度的薄膜袋扎口运输,一方面可以起到保鲜作用,另一方面可以大大减少果实磕、碰、摩和擦伤,降低物流运输损耗。冬季苹果北运时,需注意防冻。苹果贮藏至春节以后,气温回升,此时冷库贮藏和土窖贮藏的苹果已开始进入衰老期,容易产生虎皮病等生理病害。受伤后如遇高温,果实极易腐烂。所以,应尽可能采取冷藏车或用棉被、保温板等土法保温运输,但最重要的还是果实贮藏期要与贮藏方法对应,晚熟品种,土法贮藏最好不超过春节,冷库贮藏不超过"五一"国际劳动节,不可过分延长贮藏期。否则,贮藏期越长,出库后货架期就越短。

5. 预 冷

是否采用预冷以及采用何种预冷的方式,主要取决于苹果品种、贮藏方式和贮藏期。通常,果实采后预冷速度越快,预冷越透,贮藏效果越好。有些品种还需要专用的快速预冷设施或库房。红富士和国光苹果收获期晚,采收时气温较低,短期冷藏或采后运输销售,不用预冷。快速预冷并及时入库,对于嘎拉、元帅、金冠和乔纳金等中熟或中晚熟品种,尤为重要。采后温度越低,降温速度越快,贮藏效果越好。试验证明,采后放在常温下的果实,比留在树上的果实后熟进程要快得多。若做不到采后及时预冷入贮,宁可挂树贮藏。当然,这样势必影响贮藏期限。低温对苹果贮藏很重要,苹果在 4.4℃下后熟作用比 0℃下快 1 倍,在 9℃下比 4.4℃下快 1 倍,而 21℃下又比 9℃下快 1 倍。因此,苹果采后要尽快冷却贮藏。采用地沟、窑洞或通风库等自然降温贮藏方式时,苹果采后放在阴凉背阴处,利用夜间低温使果实温度尽快下降,然后入贮。为保证贮后果品质量和货架期,用于中、长期贮藏的苹果,采后必须快速预冷降温。

6. 贮藏条件

(1) 温　度　苹果贮藏期限随着温度的降低而延长。多数品种苹果的适宜冷藏温度为 -1℃～0℃。苹果在 -1℃下的贮藏寿命,比在 0℃下约延长 1/4,比在 4℃～5℃下约延长 1 倍。有些品种,如旭、橘苹和红玉等,在 -1℃～0℃下贮藏,会引起生理失调,产生低温伤害。例如,果面出现斑点或出现洼陷,果皮变色发暗,似"烫伤"状。有些品种,如旭和玉霰等,表现为果心或果肉褐变,产生冷害的果实转移到高温后,冷害症状更为明显,这些品种适宜贮藏温度为 2℃～4℃。由于低氧和高二氧化碳浓度对果实成熟过程和微生物生命活动,具有明显的抑制作用,但提高贮藏环境二氧化碳(CO_2)浓度,会诱发或加重苹果低温伤害。因此,气调贮藏的适宜温度,要比普通冷藏高 0.5℃～1℃。目前,国外多数品种气调贮藏采用 0℃～1℃或 0℃～2℃的温度条件。

(2) 湿　度　用冷库和气调库贮藏富士苹果,库内相对湿度应保持在 90%～95%。土窑洞和通风库等依靠自然降温的贮藏场所,贮温较高时,尤其是入贮初期和翌年春节过后,湿度不宜过大;湿度过大会加重腐烂,通常应控制在 85%～90%。采用塑料小包装或大帐等方式贮藏,失重很少,一般不用考虑库内湿度。

(3) 气体成分 适当提高贮藏环境中二氧化碳浓度和降低氧气浓度,可有效抑制果实的呼吸强度和成熟作用,有利于果实硬度、酸度及底色的保持,并能明显减少微生物病害和苹果虎皮病等生理病害的发生,这就是苹果气调贮藏的理论依据。对于多数苹果品种而言,适宜的气体成分为二氧化碳1%~5%、氧气1%~3%,但在具体应用中应注意以下几点:

一是苹果品种不同,对二氧化碳的忍耐力不同。根据苹果对二氧化碳敏感程度的不同,可将苹果品种大致分为三类:一类是对二氧化碳具有较强的忍耐力,或者称之为二氧化碳不敏感型。主要包括元帅系品种(元帅、红星、红冠、新红星等)、乔纳金、金冠、嘎拉、红玉和秦冠等,在贮藏过程中,二氧化碳浓度一般可高于氧气浓度。第二类是对二氧化碳忍耐力较差或者称之为二氧化碳敏感型,主要包括富士系品种、布瑞本(Braeburn)、澳洲青苹和橘苹等,在贮藏过程中二氧化碳浓度需始终低于氧气的浓度。第三类介于一、二类之间,代表品种有国光等。

二是随着成熟度的增加和贮藏期的延长,苹果对高二氧化碳和低氧气忍耐力下降。贮藏前期,苹果对高二氧化碳和低氧气忍耐力较强,一些品种如元帅系品种、乔纳金和金冠等,可采取短期高二氧化碳和低氧气处理提高耐藏性,加强气调贮藏效果。

三是在果实冰点以上,贮藏温度越低,果实对高二氧化碳和低氧气敏感性越强。高二氧化碳和低氧气会诱发或加重苹果低温伤害。气调贮藏温度应比普通冷藏稍高,若降低贮藏温度,氧气浓度则应适当升高或者是降低二氧化碳浓度。对于二氧化碳敏感或低温敏感的品种更是如此。

四是同一品种可能有不同的二氧化碳和氧气浓度指标。

基本原则是,在阈值范围内,高二氧化碳和高氧气搭配,低二氧化碳和低氧气搭配。

五是在不同产地,相同品种对二氧化碳忍耐力不同。温暖潮湿地区生产的苹果、生长期间施氮肥较多的苹果、果个较大的苹果和采收过早的苹果,对二氧化碳忍耐力一般相对较低。山地苹果耐二氧化碳能力好于平地苹果。高海拔地区苹果耐二氧化碳能力好于低海拔地区苹果。

六是贮藏环境中乙烯气体的存在,会影响苹果的耐贮性。苹果尤其是中熟或中晚熟品种对乙烯敏感。根据经验,凡是香气浓郁的品种,对乙烯大都较为敏感。因此,严格控制贮藏环境中的乙烯含量,对抑制苹果后熟衰老及控制虎皮病等极为有利。

(4)温、湿度及气体成分的检测与控制

①温度测定　温度是苹果贮藏中最重要的外部因素。库房和包装箱内温度要定时测量,并做好记录,其数值以不同测温点的平均值表示。每个库房至少应选两个以上有代表性的测温点。测点多少视库房大小而定。贮藏过程中,应保持库温稳定,库内温度变化幅度不超过±1℃。靠近蒸发器和冷风出口处的果实应勤观察,若有必要需采取保温措施。库内冷点不得低于适宜贮藏温度的下限。测温仪器宜使用精度较高的电子数显温度计或水银温度计,其测定误差应<0.3℃。水银温度计每年至少校正一次,电子温度计宜每月校正一次。

②湿度测定　苹果尤其是富士苹果,水分含量大,贮藏中易失水皱皮,要求贮藏环境湿度达到90%左右。因此,库内应采用地面洒水、挂湿草帘或增设加湿器等方式增加湿度。如果采用塑料薄膜包装贮藏,库内一般不用加湿。库房内相对湿度测量仪器误差应≤5%,测点的选择与测温点一致。库

内平均温度与制冷剂蒸发温度之差应≤5℃。

③**通风管理** 土窖或冷库贮藏期间，库内二氧化碳较高时或库内有浓郁的果香时，应通风换气，排除过多的二氧化碳和乙烯等有害气体。通风应选择在清晨气温最低时进行。也可在靠近风机的位置（回风处）放置石灰和乙烯脱除剂。

7. 采后主要病害的防治

采用低温贮运，避免从病虫害严重的果园收购，是降低果实采后腐烂的有效措施。多数真菌病害在0℃左右的温度下，不发病或发病非常缓慢。采前受轮纹病侵染的金冠苹果，放于常温下几天，最长十几天，即全部腐烂，但在0℃下，可安全贮藏几个月也不发病。下面主要介绍苹果的贮藏生理病害及其防治方法。

(1)虎皮病 虎皮病是苹果贮藏后期发生的最严重的生理病害，多数苹果品种易感此病。其症状是病部变为褐色，微凹陷，不规则，多发生在不着色的背阴面，果皮色泽整体发暗。此病一般只发生在表皮细胞，不深入果肉，对果实风味品质无明显影响，但严重影响果实外观，发病严重时，表皮可撕开，皮下层果肉层浅褐色，有苦味。

采收期对该病的发生影响很大。采收过早是发病的主要影响因素之一，适当晚采可明显减少发病率。采用低氧、高二氧化碳、低乙烯贮藏，也有明显抑制效果。化学药物控制，主要采用二苯胺（DPA）。随着1-MCP的应用，虎皮病对苹果贮藏的影响已越来越小并将成为历史。

(2)高二氧化碳伤害和低氧气伤害 贮藏中二氧化碳浓度过高、氧气浓度过低，若持续时间较长，会出现果肉褐变，产生空洞，同时伴随有乙醇味。产生伤害的果实硬度较大，果皮颜色较暗。贮藏过程中，要经常检测环境中二氧化碳和氧气的浓度变化,及时对二氧化碳和氧气浓度进行调控,防止伤害的发生。

(3)苦痘病 苦痘病也是影响苹果果实品质的一种重要的生理病害。发病初期,果皮下浅层果肉发生褐变,之后在果面形成圆斑。绿色品种,圆斑呈深绿色;红色品种,圆斑呈紫红色。斑下果肉坏死干缩,深及果肉 2～3 毫米。病斑常以皮孔为中心,直径为 3～5 毫米,以后扩大到 1 厘米左右。坏死细胞含大量淀粉,有苦味。苦痘病多在果实生长后期开始发病,贮藏期间发病最重。果实中的钙素不足,是果实发病的主要诱因。采前或生长期喷施钙肥,采后果实浸含钙液,可防止或延缓苹果苦痘病的发生与发展。

(4)低温伤害 多数品种在 $-1℃～0℃$ 不会产生冷害,但气调贮藏会诱发或加重苹果低温冷害,贮藏温度需适当提高 $0.5℃～1℃$。

(5)开 裂 贮藏温度较高,湿度较大时,贮期过长,贮藏后期果皮易开裂。过熟果和大果,更易开裂。这种现象在土窖贮藏中较为常见。

8. 主要贮藏方法

(1)自然降温贮藏 依靠自然冷源降温贮藏苹果,适用于短期或中短期贮藏。气温较高的地区不适合。应用较为广泛的有沟藏、窑洞和通风库贮藏。自然冷源贮藏设施投资少,能耗低,管理简便。主要在晚秋至初春使用。所贮苹果多为中晚熟品种或晚熟品种。单纯采用自然降温方式贮藏,贮藏过程中果实易失水,贮藏期短,效果差。利用多数苹果较耐二氧化碳的特点,利用塑料薄膜袋或塑料大帐,进行简易气调贮藏,在气温较低地区,如辽宁及河北北部,可获得相当于甚至优于单纯冷库贮藏的效果。

①利用塑料薄膜袋贮藏　苹果适期采收后,剔除病、虫、残、伤果,在树下分级,随采随装,装入内衬塑料薄膜的纸箱(20 千克装)或筐内(30 千克装),敞开袋口和箱筐口,放在库外空旷处,经一夜预冷,于第二天清晨扎口封箱(筐)入贮。千万注意,在装、运过程中,不得将薄膜袋扎破,否则贮藏效果会大大下降。贮藏期间,只要温度管理得当,薄膜厚度及装量适宜,就不用开袋放气。沟藏不用装箱或装筐,直接采用薄膜袋贮藏,其容量为 20～30 千克。气温较高的地区,装袋后可适当延后 2～3 天扎口。

操作技术要点是:自然降温贮藏场所采用塑料薄膜袋贮藏,薄膜袋厚度的选择至关重要。薄膜袋太薄,起不到气调作用或气调作用不明显;太厚又可能产生二氧化碳伤害。根据经验,对于元帅系品种(元帅、红星、新红星等)、乔纳金、金冠和秦冠等较耐二氧化碳的品种,可选择 0.05 毫米厚的无毒聚氯乙烯薄膜袋,装量为 20～30 千克。入贮初期可忍耐 10% 以上的二氧化碳。国光苹果可选择 0.03～0.04 毫米厚的无毒聚氯乙烯或聚乙烯薄膜袋,装量为 15～20 千克,入贮初期,二氧化碳浓度上限应控制在 6%。富士苹果对二氧化碳敏感,二氧化碳伤害浓度小于 3%,可选择 0.03 毫米厚的无毒聚氯乙烯或聚乙烯薄膜袋打孔贮藏,装量为 15～20 千克,每袋两侧各打 2～3 个直径约 1 厘米的孔。采用塑料薄膜袋贮藏,相同品种在气温高的地区或装量较大时袋膜应薄一些。

②利用塑料大帐贮藏　大帐贮藏在土窑洞使用较多,主要有大帐堆藏和硅窗大帐气调贮藏(图 8-2)两种方式,贮藏效果以后者为好。适用品种主要为对二氧化碳不敏感的品种。

操作技术要点:帐架用钢筋和角铁为支撑部件,容量为

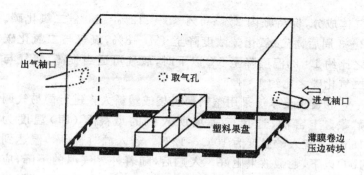

图8-2 苹果气调大帐示意图

出气袖口

取气孔

进气袖口

塑料果盘

薄膜卷边压边砖块

2 500千克,规格为宽 1.6 米,长 2.6 米,高 1.2 米,帐顶为高约 60 厘米的三角形。为装卸方便,帐架可做成组装式。帐架内档材以木条、高粱秆为好。大帐采用 0.1～0.2 毫米厚的塑料膜热合而成,长宽比帐架大 5 厘米,高度比帐架高 15 厘米,铺在帐底的薄膜比帐架长宽各多出 30 厘米,帐上设一个上袖口、两个下袖口和 1～2 个取气孔。上袖口直径为 20 厘米,长30 厘米,供调气和取样用,下袖口直径为 20 厘米,长 40 厘米,用来同活动硅窗相连接。硅窗主要用来调节帐内气体成分。制作时,将硅膜粘贴在一个木条制作的框架上,并在框架另一侧粘合一段塑料薄膜袖口。硅膜的面积大小按每千克果1.5～2 平方厘米确定。然后将塑料帐下袖口和硅窗袖口套在铁皮套筒上,用线绳扎紧。在苹果采后的当日或次日入库,三天内扣帐。支帐架前,将帐架底位扫净垫平,铺好帐底,再支帐架,帐架底角与底膜接触部位可垫一软垫,以防扎破帐底。在底膜上放一层高粱秆或苇席,在帐架四周放上挡板,装入果实,至果实和帐高度齐平,便可扣帐。扣帐后将帐的下部与底膜卷在一起,压好封严,不得漏气。最后安上活动硅窗。扣帐后首先密封降氧、提高二氧化碳浓度,通过硅窗调整帐内气体成分,保持帐内 2%～4% 氧气、12%～14% 二氧化碳。2～3 周后,将二氧化碳浓度降至 4%～8%,氧气与二氧化碳之比约 1:2,温度降至 5℃以下时,氧气可适当提高,氧气与二氧化碳之比约 1:1.5。

③**温度要求** 采用塑料薄膜袋或塑料大帐进行简易气调贮藏。土窑洞、通风库等场所入贮的最高窖(库)温度为 15℃,适宜入贮温度为 10℃～12℃。若入贮时窖(库)温达到 10℃以下,贮藏效果更好。入贮后,随着外界气温的下降,应尽快将窖(库)温降至 -2℃～0℃。将自然通风改为轴流风机强制通风,可更好利用自然冷源。西北黄土高原地区,土窑洞加机械制冷辅助降温,贮藏效果更好。

④**加强检查** 入贮初期温度较高时,要定期打开袋口,观察果皮及果肉颜色。若果皮颜色稍暗,袋内有轻微"异味",则应敞开袋口晾一夜,于第二天扎紧袋口继续贮藏。如已有明显的二氧化碳伤害,袋内酒味较浓,则应解开袋口终止贮藏。有条件的贮户,可配备氧气、二氧化碳测定仪器,定期检测袋内氧气、二氧化碳浓度。

⑤**辅助措施** 入贮温度较高或果实病害较重时,苹果采后应采用特克多、仲丁胺等药液浸果防病。

(2)冻 藏 苹果冻藏是寒冷地区的一种贮藏方式。其原理是利用果实冰点以下的自然低温,将苹果在冻结状态下贮藏。当气温回升时,果实缓慢解冻仍能恢复新鲜状态。冻藏的效果取决于品种(一般为晚熟耐寒品种)、成熟度、冻结温度及持续时间等因素。辽宁营口地区国光苹果采用冻藏,贮至翌年 3 月中旬,好果率为 100%,没有虎皮病,贮期比常规贮藏延长近 2 个月。

具体做法是:10 月下旬苹果采收→挑选装箱或装筐→窖

外预冷至 0℃(果温)→11 月中旬入库(通风库)→加强库内通风,使库温保持在－2℃～0℃→12 月下旬开始降温,库温逐步降至－4℃～－5℃(使果温保持在－2.5℃～－3℃,不能低于－4℃)→果实冻结后,通过通风口控制库温,使果温保持在－2.5℃～－3℃下贮藏,贮藏期间果温不能低于－4℃→3 月上旬库温回升至－1.5℃左右时,果实解冻复原。贮藏期间,果温以保持在－2.5℃～－3℃较为安全。若低于－3℃或达到－4℃,就可能产生冻伤,贮后不能复原。另外,果实冻结后,不能翻动,更不可时冻时化。否则,果实不能复原,回温后果实变褐和发软。前苏联在冷库内采用近冰点温度(库温为－1℃～－3℃),使部分苹果处于冻结状态下,苹果贮藏 7～8个月,贮藏效果优于 0℃±1℃冷藏。

(3) 冷库贮藏 冷库贮藏适用于中长期贮藏,已逐步成为我国苹果贮藏的主要方式,对鲜苹果的中长期供应起着重要作用。苹果冷库贮藏(图 8-3),鲜果采后应尽快入库预冷;然

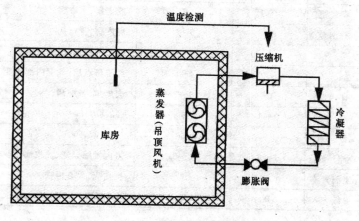

图 8-3　苹果冷藏示意图

后入贮,满库后 1～3 天内降至要求的贮藏温度。裸果贮藏,库内相对湿度应达到 90%～95%。我国主要苹果品种适宜冷藏温度及贮藏期见表 8-3。冷库内采用塑料薄膜袋或大帐简易气调贮藏,比单纯冷藏(裸果贮藏)贮期可延长 1～2 个月,且贮藏效果好于单纯冷藏,管理也更加方便。库内不用加湿,减少除霜次数。

表 8-3　我国主要苹果品种适宜冷藏温度及贮藏期

品　　种	推荐温度(℃)	预期贮藏寿命(月)	贮藏期易出现的生理病害
富　士	0	6～7	苦痘病、果心褐变、霉心病、水心病
元　帅	−1～0	6	虎皮病、苦痘病、裂果、果肉发绵衰老
红　星	−1～0	6	虎皮病
国　光	−1～0	7	虎皮病、苦痘病
金　冠	−1～0	7	适于晚采成熟度高的果实
金　冠	0～1	5～6	苦痘病
秦　冠	0～1	6	虎皮病、水心病
乔纳金	0	5～6	虎皮病、苦痘病
嘎　拉	0	4～5	肉质易沙化,风味下降
红　玉	0	4～5	红玉斑点病、低温内部褐变
印　度	−1～1	6～7	虎皮病、苦痘病
鸡　冠	0～2	6	
红　冠	−1～0	6	
津　轻	1～3	2～3	果肉发绵衰老、虎皮病
澳洲青苹	0	7	虎皮病、果心褐变
粉红夫人	0	7	虎皮病

①**利用薄膜袋贮藏**　苹果下树后经初选直接装袋运入库内,薄膜袋厚度及装量与自然降温贮藏一致。采用透湿性较好的无毒聚氯乙烯袋贮藏,果实下树后可直接扎口入贮。透湿性较差的聚乙烯袋,须敞口预冷 12～24 小时后,扎口封箱(筐)入贮。贮藏期间一般不用开袋放气。辽宁南部一些冷库利用大木箱(400 千克装)内衬 0.04～0.05 毫米厚无毒聚氯乙烯薄膜贮藏苹果,也获得良好效果。

②**管理要点**　贮藏前,对库房做好清扫、消毒和灭鼠工作,对冷库制冷系统性能进行检查,并在入库前开机制冷,使库温降至 0℃或适宜温度,等待果实入贮。苹果采后应及时入库降温。贮藏包装应保证空气流通。码垛时货件之间应留有一定缝隙,垛与垛,垛与墙壁和库顶之间,均应留有一定空间,以利于通风降温。货位码垛,应距墙 0.20～0.30 米,距冷风机不少于 1.50 米,距顶 0.50～0.60 米,垛间距离为0.30～0.50 米,库内通道宽 1.20～1.80 米,垛底垫木(石)高度为0.10～0.15 米。货垛堆码要牢固、整齐,货垛间隙、走向应与库内气流循环方向一致,每个贮藏间原则上只能贮藏同一品种的苹果。两个或两个以上具有相似耐藏特性和成熟度的品种,可在同一个库内贮藏。但是,无香气的品种最好不与香气浓郁的品种混贮。

在苹果的贮藏过程中,应保持库温的稳定,贮藏期间库内温度变化幅度不能超过±1℃。入库初期,每天至少检测两次库温和库内相对湿度,此后每天检测一次。直接读数或用仪器记录,在线检测要做好数据备份。库内温度的测定要有代表性,每个库房至少应选三个测温点,测温仪器每个贮季至少校验一次,测温仪器误差不得大于±0.5℃。库内冷点(即库内空气的最低点)不得低于最佳贮藏温度的下限。多数苹果水分含量大,贮藏中易失水皱皮,要求贮藏环境湿度达到90%左右。因此,库内应采用地面洒水、挂湿草帘或增设加湿器等方式,增加湿度。如果采用塑料薄膜包装贮藏,库内一般不用加湿;苹果贮藏期间,库内二氧化碳较高时或库内有浓郁的果香时,应通风换气,排除过多的二氧化碳和乙烯等有害气体。通风时间,应选择在清晨气温最低时,也可在靠近风机的位置(回风处)放置石灰和乙烯脱除剂。定期对果实外观色泽、果肉颜色、硬度、口感风味进行测评,发现问题及时处理。苹果出库时,若温差过大,果面易结露,会影响苹果品质。若出库后立即上市销售,可逐渐将库内温度提高至室外常温。若贮前未进行果实分级,则应根据种类、品种和品质,按相应的感官和质量标准,对苹果进行分级。

(4)气调库贮藏 气调库贮藏适用于长期贮藏。苹果是最适宜气调贮藏的水果之一,气调库贮藏比单纯冷藏,贮期可延长2~4个月以上。苹果贮后色泽鲜艳,风味好,货架期长,虎皮病等生理病害较少,是目前商业上实现苹果长期贮藏的最好方法。气调贮藏的适宜温度可比一般冷藏高 $0.5\text{℃}\sim1\text{℃}$。目前国外多数苹果品种气调贮藏时,采用 $0\text{℃}\sim1\text{℃}$ 或 $0\text{℃}\sim2\text{℃}$,相对湿度为 90%~95% 的条件。一般情况下,果实接近适宜贮藏温度时,才能降氧。对于富士等二氧化碳敏感型品种尤其如此。苹果的气调贮藏条件及贮藏寿命见表8-4。相同大小气调库造价比冷库高 30%~40%。

为进一步延长苹果贮藏寿命,提高贮藏质量,减少贮藏期间虎皮病等生理病害的发生,人们在常规气调(简称CA,贮藏条件一般为 0℃,2%~3% 氧气,2%~5% 二氧化碳)的基础上,又发展了高二氧化碳处理、快速气调、低乙烯气调贮藏、低氧或超低氧贮藏、双变气调等多种形式。

表 8-4　苹果的气调贮藏条件及贮藏寿命

品　种	国　家	推荐温度(℃)	推荐气体组合		预期贮藏期(月)
			O_2(%)	CO_2(%)	
富　士	美　国	1	2.0	0.5	12
富　士	日　本	0	2	1	8
富　士	中　国	0	5	2	8
富　士	巴　西	1.5～2	1.5～2	0.7～1.2	—
富　士	澳大利亚	0	2	1	—
元　帅	加拿大	0～0.5	1.5	1.5	10
元　帅	加拿大	0～0.5	2.5	4.5	10
元　帅	美国(华盛顿州)	0～1	1.5	1.5	12
元　帅	美国(密歇根州)	0	1.5	<3	7～8
元　帅	意大利	0/0.5	1	1	8～9
元　帅	南　非	－0.5	1.5	2.5	9
金　冠	美　国	0～1	2	1.5	9
金　冠	意大利	1～2	1	2	8～9
金　冠	南　非	－0.5	1.5	2.5	9
金　冠	荷　兰	1	1～1.2	4	8
乔纳金	加拿大	0～0.5	1.5	1.5	10
乔纳金	荷　兰	1	1～1.2	4.5	9
乔纳金	法　国	0～1	1.5	2.5～3	—
乔纳金	中　国	0	3	3～8	>6
皇家嘎拉	美　国	0～1	2	1.5	7
皇家嘎拉	新西兰	0.5	2	2	4
皇家嘎拉	澳大利亚	0	2	1	5
红　玉	美　国	0	1.5	<3	5～6

品　种	国　家	推荐温度(℃)	推荐气体组合		预期贮藏期(月)
			O_2(%)	CO_2(%)	
红　玉*	以色列	-0.5	1~1.5	5	—
红　玉*	瑞　士	3	2~3	3~4	—
澳洲青苹	美　国	0~1	1.5	0.5	10
澳洲青苹	新西兰	0.5	2	2	6
澳洲青苹	意大利	0	1	1	7~8
橘　苹*	英　国	4~4.5	1.25	<1	—
橘　苹	荷　兰	4	1.3	0.7	6.5
粉红夫人	澳大利亚	0	2	1	9

　　* A. K. Thompson, Controlled Atmosphere Storage of Fruits and Vegetables,1998

　　(5)1-MCP 苹果保鲜技术　乙烯在果实成熟过程中起着非常重要的作用。人们通过减少乙烯的产生及抑制其作用,降低果实呼吸强度,达到延长水果的贮藏期和保持果实商品性状的目的。近年来,人们发现一些化学物质,如重氮环戊二烯(DASP),降冰片二烯、1-甲基环丙烯(1-MCP)和环丙烯(Cyclopropene,CP)等物质,能够抑制乙烯的合成及其作用的发挥。其中 1-甲基环丙烯由于使用浓度低,效果显著,无明显毒副作用,成本低廉,因而引起人们的广泛关注。1—甲基环丙烯(1—MCP)苹果贮藏保鲜技术,是最近几年研究并开始应用于苹果等贮运保鲜方面的一种极为有效的保鲜技术,被称为水果保鲜尤其是苹果等水果保鲜的革命,是继气调贮藏之后,水果贮藏保鲜技术的又一个里程碑。目前,在美国、加拿大、智利、新西兰、澳大利亚和南非等国已推广应用。

　　苹果在普通冷藏条件下采用 1-MCP 处理技术,其贮藏效果相当于甚至明显高于气调贮藏;在土窑洞、通风库和冷凉库等贮藏场所采用 1-MCP 处理技术,其贮藏效果好于冷藏。常温下,苹果采用 1-MCP 保鲜技术,基本可以达到"冷链"物流保鲜效果。1-MCP 处理对苹果虎皮病防治的效果,远远好于气调贮藏,经处理的苹果,无论是在普通冷藏还是在气调贮藏条件下,虎皮病均能得到基本或完全控制。另外,1-MCP 处理对果心褐变和果面发黏,防止效果极佳。1-MCP 处理+气调贮藏,在贮后果实硬度、酸含量和虎皮病控制等方面,效果明显好于单纯气调贮藏。需要注意的是,必须在苹果呼吸跃变之前采用 1-MCP 处理,否则效果较差。处理后贮藏温度应与气调贮藏温度一致,不可过低。

(三) 运 输

在发达国家,冷链运输已广泛应用于水果流通经营,冷链运输和低温气调箱运输,对于保证苹果新鲜度,延长货架期,减少腐烂损失,有着重要的意义。我国出口到东南亚、中东和欧美等地区的苹果,多数也采用冷藏货柜运输,而国内苹果物流运输基本靠普通汽车和火车运输。据杨少桧等(2001)调查,我国红富士苹果在采后物流各环节中,主要有以下损失:分选环节 2%~3%,普通汽车运输 5%~8%,货架损耗3%~20%。平均计算,我国红富士苹果在采后流通环节损失19.5%,虽然造成苹果物流损失居高不下的因素很多,但运输条件较差无疑是很重要的因素。

所谓"冷链",就是采后的主要环节都必须采用低温措施,如采后预冷、采用冷库或气调库贮藏和低温配送等。目前,我国苹果采用冷藏和气调贮藏的比例仅为 20%~25%,硬件设施无法满足冷链要求,即便达到冷链要求,也势必会大幅提高苹果价格。就目前我国国情和国民经济收入而言,一般人还不能消费高价格的苹果,高价的水果只能是少数阶层的消费品。另一方面,是否采用冷链以及冷链运输作用的大小取决于品种。我国晚熟苹果品种占 80％以上,其中红富士苹果占 60％以上。红富士苹果成熟晚。在陕西和山东,富士苹果正常采收时期在 10 月下旬到 11 月初,那时气温较低,加上富士本身耐贮性强,一直到春节前后,国内流通基本可以不用冷链运输。其他晚熟品种,如秦冠和国光只要不提早采收,春节前销售也基本上用不着冷链运输。问题在于春节过后,苹果经历了较长时间的贮藏,开始走向衰老,常温运输果实品质下降过快,也容易产生生理病害,因此需要引起重视。

发达国家普遍采用气调贮藏和冷链运输。欧洲的主栽苹果品种为金冠、红元帅、乔纳金和嘎拉等,美国的主要栽培品种为红元帅、金冠、富士、澳洲青苹和嘎拉等,除澳洲青苹外,其余品种在常温下均不耐贮,采用冷藏方式进行长期贮藏,效果不理想,主要是贮藏后期果实软化和虎皮病危害。所以,应大力发展气调库和冷链运输。金冠、元帅系品种和乔纳金等品种,风味浓郁,酸甜可口,在我国却无法像富士苹果那样大面积发展,其主要原因是没有富士苹果耐贮性好、货架期长。这是在贮藏设施不足和保鲜技术水平落后的国情下的一种无奈选择。从近年的发展情况看,我国主栽苹果品种单一,已成为影响我国苹果产业健康发展的问题之一。由此看来,在我国普遍采用冷链运输以满足市场需求,也许只是时间问题。

（四）物　流

1. 苹果出口物流方向

目前,我国红富士苹果的出口,以山东和陕西产品为主。

山东苹果,第一条物流线是从栖霞、龙口、招远和威海等地,向青岛和烟台流动,冷藏货柜装船后向东南亚、中东、欧美流动。第二条是产地装普通汽车,运往深圳及香港,或经香港出口到其他地区。第三条是产地装普通汽车,运往内蒙古或黑龙江,经陆路口岸出口到俄罗斯。陕西苹果通过边贸间接出口量较大。第一条物流线通过广西和云南,向东南亚流动。第二条线通过新疆和内蒙古等地,向俄罗斯流动。省内企业自营出口,主要通过青岛和上海港口,向东南亚、欧盟和北美等流动。辽宁苹果主要通过边贸发往俄罗斯。2004 年,世界苹果平均价格为我国的 1.7 倍,英国苹果价格为我国的 3 倍以上,俄罗斯果品价格与辽宁市场同期相比,一般高 3~5 倍。

2. 苹果内销物流方向

山东红富士的内销物流,分以下 5 条线:一是广东珠江三角洲线,大多由普通汽车运输;二是上海华东线,由普通汽车运输;三是北京华北线,由普通汽车运输;四是西湖安徽线;五是东北线。其中第一、第二条物流线质量要求最高,价格也较高,需求量最大。陕西红富士的内销物流,分以下 5 条线:一是广东线;二是华东线;三是西北西南线;四是西湖安徽线;五是北京华北线。

由于苹果产区是由新疆到辽东半岛和山东半岛,所以,自西向东的一条狭长区域之间,红富士苹果的物流几乎为零。同时由于我国西部地区经济欠发达,西部物流数量远远少于东部,北方也少于南方。在质量要求上也有同样的趋势。

(五) 加　工

苹果浓缩汁,是世界最主要的苹果加工产品。其次,是果酒、果酱和罐头。浓缩苹果汁,是加工果蔬汁饮料的原料产品。欧、美及日本人饮用的纯果汁、果蔬混合汁、蔬菜汁和水果啤酒等,都离不开苹果浓缩汁这一风味特性温和的基料。国外90%的饮料生产厂商,将浓缩苹果汁作为饮料生产的基础配料,这就决定了行业发展的稳定性和未来对苹果浓缩汁的需求量稳中有升的趋势。

2000年,全世界浓缩苹果汁贸易量已超过65万吨。至2002年,浓缩苹果汁贸易量达到85万吨。过去主要是发达国家消费浓缩苹果汁,现在发展中国家的消费量也在不断增加。浓缩苹果汁主要出口国为中国、波兰、德国、意大利、阿根廷、智利和匈牙利等,主要进口国为德国、美国、日本、意大利、奥地利和澳大利亚等,最大的市场是美国、欧洲及日本。这三个市场的年需求量在40万~50万吨之间,其中美国20万吨左右,欧洲超过20万吨,日本在6万吨以上。美、日、德等国家,随着生产成本不断提高,国内浓缩苹果汁生产的规模不断缩小,要依靠进口来满足市场需求。这三个国家从我国进口浓缩苹果汁的数量占其进口总量的比例大致为:美国18%,日本70%,德国8%。2003年,我国苹果浓缩汁产量达到45万吨,出口41.7万吨,占国际市场份额的一半左右,创汇2.54亿美元,分别是2000年苹果浓缩汁产量的2.9倍和出口量的2.2倍。

鲜榨苹果汁和苹果酱,是近两年发展起来的出口产品,规模较小。2003年,二者的总产量均在2万吨左右。苹果酒、苹果醋和苹果脆片等加工业虽也有所发展,但还没有形成规模,质量还有待进一步提高。另外,还有苹果果脯和苹果罐头,以及苹果干等休闲食品等,也都有一定的发展。

第九章　苹果营销及经济效益分析

一、苹果营销

(一)苹果营销的含义

苹果营销,是指果农和企业为满足消费者需求而开展的综合性经营活动,包括市场调查、市场划分与选择、价格策略、销售渠道选择和促销等活动。

(二)市场调查

所谓苹果市场调查,就是对苹果销售市场的需求和供给进行调查。其目的是为市场划分、目标市场选择、价格策略、销售渠道选择以及促销等后续苹果营销行为,提供可靠依据和数据支撑。

1. 市场需求调查

苹果市场需求量的变化,是许多影响因素综合作用的结果,最主要的影响因素有苹果价格、消费者收入、消费者喜好、其他水果价格和消费者预期。各因素对苹果市场的影响如下:

(1)苹果价格　通常,苹果需求量与苹果价格呈负相关,即,价格越高需求量越小,价格越低需求量越大。

(2)消费者的收入　消费者收入越高,对中档苹果和高档苹果,尤其是高档苹果的需求量就越大,对低档苹果的需求量就越小。反之,消费者收入越低,对中档苹果和高档苹果的需求量就越小,对低档苹果的需求量就越大。

(3) 消费者的喜好　消费者对苹果的喜好增强,苹果需求量就会增大。相反,消费者对苹果的喜好减弱,苹果需求量就会减少。另一方面,如果消费者只是喜好某类苹果或某个(些)品种苹果,那么,消费者的喜好越明显,其购买自己喜好的苹果的可能性和数量就越大,购买自己不喜好的苹果的可能性和数量就越小。

(4) 其他水果的价格　苹果不是生活必需品。对于许多消费者而言,苹果可以与梨、桃、葡萄和柑橘等其他水果相互替代。当苹果价格相对较高,其他水果价格相对较低时,他们会减少苹果需求量,而增加后者的需求量。相反,当苹果价格相对较低,其他水果价格相对较高时,则会增加苹果需求量,而减少后者的需求量。

(5) 消费者的期望价　通常,苹果消费者都会对苹果销售价格有一个期望值。当苹果售价低于期望值,而品质和质量又满足其要求时,苹果需求量就会增加;反之,苹果需求量就会减少。另一方面,当消费者预计苹果价格会上升时,苹果需求量就会增加;反之,就会减少。

2. 市场供给调查

苹果市场供给量的变化,也是许多影响因素综合作用的结果。最主要的影响因素有苹果价格、苹果生产技术水平、其他水果价格、苹果生产成本和生产经营者预期。各因素对苹果市场的影响如下:

(1) 苹果价格　通常,苹果供给量与苹果价格呈正相关,即,价格越高供给量越大,价格越低供给量越少。这是因为,苹果市场投放量将随苹果市场价格的升降而涨落;长期、持续的价格升降还会引起苹果生产规模的扩张和收缩。

(2)苹果生产的技术水平 苹果生产技术水平越高,苹果单产和质量就越高,苹果供给量就越大。反之,苹果生产技术水平越低,苹果单产和质量就越低,苹果供给量就越少。

(3)与其他水果(农产品)价格的比较 如果苹果价格持续几年走低,而某种(些)别的水果(农产品)行情持续看好,一些苹果生产者就可能砍树毁园,转而从事别的水果(农产品)的生产,苹果供给量就会减少。相反,如果苹果价格持续走高,而别的水果(农产品)的生产效益相对较差,一些苹果生产者可能会扩大苹果生产规模,一些别的水果(农产品)生产者可能转而从事苹果生产,苹果供给量就会增大。

(4)苹果生产的成本 当苹果生产成本上升、利润减少时,除非别无选择,一些苹果生产者会压缩苹果生产规模,甚至不再从事苹果生产,苹果供给量就会减少。而当苹果生产成本降低、利润上升时,一些苹果生产者可能会扩大苹果生产规模,一些别的水果(农产品)生产者可能转而从事苹果生产,苹果供给量就会增大。

(5)生产经营者的期望价 通常,苹果生产经营者都会对苹果销售价格有一个期望值。当苹果售价达到其期望值时,苹果供给量就会增加;反之,苹果供给量就会减少。另一方面,当苹果生产经营者预计苹果价格会下降时,苹果供给量就会增加;反之,就会减少。

(三)市场划分

市场划分的目的是,使果农、果商能够根据苹果的品种类型和品质特征,选择相应的销售时间和目标市场,以取得尽可能好的收益。苹果市场划分主要有以下五种方法:

1. 按品种划分

各个品种均有其特定的销售市场和消费人群。例如,美国苹果的当家品种为红元帅、金冠、旭、瑞光、澳洲青苹和红玉;中国则以富士、元帅系、嘎拉、国光、金冠、乔纳金、藤牧 1 号和美国 8 号等为主栽品种;在东亚和东南亚,富士、嘎拉和布瑞本苹果品种深受欢迎。

2. 按销售时间划分

根据苹果供应市场的时间序列,可分为秋季市场、冬季市场和春季市场。秋季市场主要销售早、中熟品种苹果,冬季市场主要销售秋季刚采摘的晚熟品种苹果,春季市场则主要销售上年生产的耐贮运的晚熟品种苹果。

3. 按销售地点划分

根据苹果销售地点的不同,可将苹果销售市场划分为本地市场、外地市场和出口市场。对于本地市场,果农和果商非常清楚消费者的需求,包括品种、品质和口味等。对于外地市场和出口市场,必须事先进行细致周密的市场调研,明确市场需求,包括口味、品种、规格、品质、质量和需求量等,根据需求选择市场。特别是出口市场,大多有明显的品种喜好,发达国家市场对苹果质量要求普遍较高。

4. 按消费者收入划分

高收入人群对苹果质量和品质(尤其是外观品质)要求高,只要好看、好吃,价格高一些也无所谓。低收入人群则注重价廉物美,对外观品质要求不高,更愿意购买价格较低而食用品质又不错的苹果。

5. 按苹果质量划分

苹果分等分级后销售,有利于按质定价和准确定价,可充分体现"优质优价"的原则,能更好地满足不同层次市场的消费需求。即高档果高价位,满足高端市场,包括欧美发达国家市场、国内大型超市、高档宾馆、高级别会议和高收入人群的需求;中档果中等价位,满足普通市场需求,包括国内普通消费者和发展中国家进口市场的需求;低档果低价位,满足低端市场需求,包括经济欠发达地区、低收入人群和苹果加工厂的需求。

(四)价格策略

1. 影响苹果价格的主要因素

(1)苹果品质　苹果品质是苹果品种遗传特性、生产环境、栽培管理、贮藏与销售方式等诸多因素综合作用的结果。品质的高低,在很大程度上决定了苹果价格和果农收益的高低。提高苹果品质,是提高苹果售价和果农收益的最根本的有效途径。

(2)市场供求　苹果的价值是通过价格来体现的,但只有当苹果供求达到平衡时,价格才能比较客观地反映苹果的价值。供给量低于市场需求量时,出现供不应求局面,苹果销售处于卖方市场,价格上升,使售价高于价值,果农和销售商收入增加。供给量超过市场需求量时,出现供过于求局面,苹果销售处于买方市场,价格下降,使售价低于价值,果农和销售商收入减少。这就要求苹果的生产经营规模与市场需求相适应。

(3)成本高低　苹果的成本包括生产成本和销售成本。生产成本是苹果品质和产量的决定因素,而苹果品质的好坏和产量的高低,又决定了苹果售价和收益。销售成本包括包装成本、贮藏成本、广告成本和运输成本。由于苹果生产周期长,又是鲜活农产品,品质随着贮藏时间的延长而下降,在苹果售价决定因素中,成本居于次要地位,品质和供求状况居于主要地位。

2. 价格策略

(1)目标价格策略 所谓目标价格策略,就是根据销售目标确定价格的策略,包括以收益为导向的目标价格策略、以质量为导向的目标价格策略、以销量为导向的目标价格策略和以分销为导向的目标价格策略。其特点是,苹果价格的确定具有很强的目的性和主动性。以收益为导向的目标价格策略,适用于苹果供不应求、质量好和竞争力强的情况,在不影响苹果销量的前提下,可适当提高苹果售价,以获取尽可能大的收益。以质量为导向的目标价格策略,适用于苹果具有独特质量和品质优势的情况,即按质论价、一分钱一分货。以销量为导向的目标价格策略,适用于苹果生产或经营具有规模或数量优势,以及希望迅速出售的情况,可适当降低价格,以便增加销量、加快销售速度。以分销为导向的目标价格策略,针对苹果中间商,如零售商、批发商、加工厂等,要充分考虑其利益,确定适当的批零差价、质量差价,以调动其购买苹果的积极性。

(2)随行就市价格策略 所谓随行就市,就是让苹果售价随着苹果市场行情的涨跌而升高或降低,保证苹果销售者获取平均市场收益,有效规避定价过高或过低而对销量和收益带来的影响。该策略在苹果市场供求平衡时尤其适用。但要求苹果销售者随时掌握市场行情,并适时对销售价格进行调整。采取随行就市价格策略,可有效避免恶性价格竞争,保持市场价格的相对稳定。如果目标市场在经济发达地区,采取随行就市价格策略可赚取高额的异地价差。

3. 定价技巧

(1) 差别定价 当同时销售多个品种的苹果时,不同品种苹果有相应的市场价格。对于注重经济开销又没有确定品种喜好的消费群体,为促进某个品种苹果的销售,可适当提高其他品种苹果的售价,使购买者觉得购买该品种苹果更为合算。对于同一个品种的苹果,应根据质量差异,包括果实大小、色泽、果面光洁度、果形端正程度以及缺陷大小和多少等,进行分级,分别定价(即按质论价),既有利于加快销售速度,而且通常会大幅地增加销售收入。

(2) 促销定价 在供过于求、销路不畅的情况下,采取定价技巧,吸引顾客,促进销售,显得非常重要和必要。一是折扣定价,给顾客以价格优惠,以低于标定价格的折扣价让利销售,这种技巧在农贸市场上经常采用,但折扣一定要适度,过小无吸引力,过大销售收益明显下降。二是让利促销定价,即增量降价让利,购买数量越多,平均价格越低,使顾客感到多买比少买合算。比如,原来定价为 3 元/千克,让利促销价可定为,购买量达到 10 千克的,价格为 2.8 元/千克;购买量达到 20 千克的,价格为 2.6 元/千克;购买量达到 50 千克的,价格为 2.4 元/千克。三是降价让利定价。初期定价稍高,为以后降价留出空间,一段时间后,主动降低价格,吸引消费者。为此,要求降价幅度要足以激发消费者的购买欲望,在人多的地方和消费者购买欲望呈上升趋势时实施,方可产生轰动效应,实现短期内大量销售的目的。四是涨价促销。在市场由旺转淡、由供过于求转向供不应求时,小幅涨价,增强消费者"苹果价格会越来越高"的印象,从而刺激消费,促进销售。

(3) 心理定价 所谓心理定价,就是根据消费者对品质、价值和价格等的心理感受,运用心理学的原理,制定销售价格,激发购买欲望,促进苹果销售。一是整数定价,对于有明显质量优势的苹果,可将售价定为整数(高于市场平均价),例如 3 元/千克,30 元/箱,以迎合消费者追求"品质、货真价实、一分钱一分货"的心理,也便于计算和现金支付。二是零数定价,在市场充足又无质量优势的情况下,将苹果售价定为略低于某个整数,这个整数一般为市场上当前的普遍售价。例如 2.95 元/千克,29 元/箱,给消费者价格便宜的感觉。

（五）销售渠道选择

1. 销售渠道及其选用原则

根据从果农到消费者之间销售途径的长短,可将苹果销售分为直销和分销两种途径。分销又可根据中间销售环节的多少,分为一级分销、二级分销和三级分销(图 9-1)。为缓和供求矛盾,分散生产经营风险,如有可能,苹果销售应尽可能

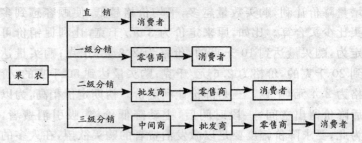

图 9-1 苹果销售途径示意图

采用多种渠道进行。对于大规模的苹果生产者和经营者,尤其应当如此。多渠道销售的意义在于:一是可以加快销售速度,提高销售效率;二是增加销售机会,避免或减少因销路不好、积压等可能带来的经济损失;三是为消费者提供更多选择机会。直销是果农直接将自己生产的苹果卖给消费者,销售

速度慢，销售成本高，覆盖地域和消费者有限。对于一级分销，作为零售商的小商小贩购买量有限，分销效果不明显，规模小、产量少的果农可选用此渠道。二级分销有批发商参与，三级分销还有中间商的参与，苹果购买量大，果农可整批出售苹果，分销效果明显，适用于生产规模中等以上的果农。考虑到销售路线越长，销售成本越高，中间环节及其造成的损耗越大，在消费者购买价格一定的情况下，苹果销售价格将越低。因此，在直销能满足需要的情况下，不宜采用分销途径；在采用分销途径时，在一级分销能满足需要的情况下，不宜采用二级分销和三级分销；在一级分销和二级分销能满足需要的情况下，不宜采用三级分销。

2. 分销策略

根据分销时间的不同，分销可分为产前分销、产中分销和产后分销。就规避销售风险而言，产前分销和产中分销对果农更有利，但很难确定合理的价格，而且给中间销售商（环节）的让利明显高于产后分销。

(1) 产前分销 多为有长期苹果销售业务往来和良好合作关系的果农、果商所采用。其实质就是果农在苹果挂果、定果之前，将苹果预售给果商，并以预售协议或合同的要求为目标，进行生产管理。这是最为积极主动的销售策略，是订单农业的一种表现形式。在签订协议或合同时，果商要支付给果农一定的预购定金，一般为 5%～15%。采用产前分销，需要果农和果商对苹果价格及其走势，有比较一致的预测和看法。产前分销价格，既可以是死价，即签订协议或合同时明确规定具体的销售价格，也可以是活价，即待苹果销售时随行就市，或根据同期价格按一定比例浮动。

(2) 产中分销 产中分销，就是果农在苹果挂果、定果之后至采果之前,将苹果预售给果商。该分销策略的其他方面和产前分销类似。但产中分销的生产主动性较产前分销小;预售价格能更好地接近实际市场销售价格;协议或合同条款更加具体翔实。在苹果供大于求的情况下,产前分销和产中分销均有明显的分销效果,可有效避免或分散市场风险,对果农效益是一种良好的保护措施。

(3)产后分销 在市场供求平衡或供不应求的情况下,比如小年和遭受自然灾害的年份,采用产后分销能尽可能地提高销售价格,有利于果农增加收入和提高经济效益,而且产后分销可以采用多种分销途径,价格更趋合理。但在供大于求的情况下,产后分销常使果农陷于被动局面。这是因为,产后是苹果销售旺季,苹果大量集中上市,市场供大于求在所难免,必然导致积压和中间商以及果农之间竞相压价,果农利益受损。

(4)远距离销售 远距离销售的要求:一是有足够大的规模分担包装、运输、贮藏和异地销售成本;二是产销地之间存在较大价格差,以确保销售收益明显高于产地;三是品种适销对路,果品质量好;四是有良好的目标市场和畅通的分销渠道。出口贸易就是一种典型的远距离分销。

(六)广告促销

1. 促销广告的分类

广告促销的目的是,通过向客户或消费者传达相关信息,促进苹果多销、快销和好销。苹果促销广告的媒介,包括广播、电视、互联网络、报纸、杂志、苹果包装、户外广告、售点广告、流动广告和邮件广告等,也包括现有客户或消费者的口头宣传。这些媒介大多可以做到图文并茂,信息翔实,覆盖面广。特别是广播、电视和互联网络等,更具快速、及时、定时的特点,效果尤其明显。

2. 广告促销的原则

在苹果广告促销中,必须坚持如下三条原则:一是必要性原则。只有当存在售价低、销售进程缓慢、存量大等问题时,才有必要积极开展广告促销。如果当前苹果销售处于销售快、售价高、销量大的良好态势,则没有必要刻意进行广告促销。二是效益原则。即广告成本必须低于广告收益。否则,入不敷出,进行广告促销便缺乏意义和可行性。这就要求务使广告效应在苹果销售期间得到充分发挥。三是真实性原则。作为广告,虽然应在主题、内容、文字、图案、创意、设计和语言等方面,符合消费者心理,吸引消费者注意。但是,广告提供的信息必须客观,真实,可靠,与要销售的产品相一致(即不能是虚假广告)。否则,一旦虚假成分被人识破,就势必自毁形象,给苹果销售带来严重的负面效应。

3. 广告促销的技巧

由于我国的苹果生产是以"一家一户"的分散经营模式为主,果农生产规模较小、经济基础较弱,除非政府、协会等有关组织出面统筹协调,不然就很难独家承受电视广告、杂志广告和大型户外广告等所需付出的高额广告成本,而低成本的简练的文字性广告,则更为适宜。但文字表述必须准确,不能含糊其辞,让顾客和消费者把握不准,无所适从。如果生产或经营规模一般,在报纸、广播、广场和集贸市场进行广告宣传,既经济实惠,又方便,能够取得较好的广告效应。对于边远地的果园,在附近公路旁立一块简易广告牌,也不失为一种选择。然而,为了取得更为理想的广告效果,若一村、一乡(镇)、一县统一开展广告宣传,费用分摊,既可选用电视、电台、杂志等效果更好、覆盖面更广的传播媒介,广告内容也可更加丰富、翔实和形象,还有利于提高当地苹果的知名度和地方品牌的树立。

苹果的贮藏期和适销期有限,广告宣传应尽早开展。对于广播和电台的广告宣传,应放在午间和晚间新闻播出之前,因为此时收听率高,容易发挥效果。对于电视,广告宣传应放在黄金时段,如午间和晚间新闻播出之前、电视连续剧播出之前等,能够确保收视率。选用报纸、杂志做广告时,要更多考虑其知名度,发行时间则居于较次要的地位。

二、苹果经济效益分析

(一) 苹果在农村经济中的重要地位

苹果树是我国的第一大果树,苹果是我国入世后在国际市场竞争中具有明显比较优势的农产品之一。苹果产业已成为我国苹果主产区农村经济的支柱产业,在我国农业产业结构调整、农民增收、出口创汇、创造就业机会等方面,发挥了重要作用。按产地销售价格计算,1998年我国苹果生产总值为300多亿元,占当年全国农业总产值的2%以上。如按市场零售价格估算,1998年我国苹果销售总值在450亿元以上,占当年全国农业总产值的3%以上。两大主要苹果生产省份山东和陕西更分别占到了当年农业总产值的15%和10%以上。苹果生产以果园管理为核心,苹果种植、树体修剪、施肥灌水、疏花疏果、摘叶转果、病虫害防治、苹果采摘、分级包装和运输贮藏等生产劳动,主要以人力为主,这就提供了大量的就业机会。按每667平方米苹果园投入75个工、一个就业机会250

个工计算,我国苹果生产相当于为农村增加了约750万个就业机会。再加上苹果带动起来的第三产业的就业机会,由苹果生产带来的就业机会至少在1 000万个以上。

(二) 苹果生产经济效益的发展

苹果树经济寿命长,产量高,产出投入比大,经济效益好。苹果树一般栽后3～4年就开始结果,5～7年进入丰产期,经营期可长达20～25年。即使实行短周期栽培,其经济寿命也在10～15年之间。

近十余年来,我国苹果单位面积产量得到迅速提高,现已达到0.8吨/667平方米,山东、江苏和河南等省的苹果单产更高,达到1.0～1.3吨/667平方米。随着投入的增加和先进生产技术的普及推广,我国苹果单产将进一步提高,并有可能接近或达到苹果生产先进国家的1.3～2.0吨/667平方米的水平。与大田作物相比,苹果单位面积的经济效益要高得多。以2000年为例,我国苹果栽培面积为225.4万公顷,其中包括大量新近发展的果园和尚未进入盛果期的幼树园,产值接近350亿元。另据对山东栖霞、河北顺平、陕西白水和山西临猗等4个县1996～1998年苹果生产的调查,平均每667平方米苹果园的纯收益在881～1 974元之间,高出大田作物几倍。优质丰产苹果园更高,每667平方米苹果园纯收入可达万元以上。我国苹果生产正从数量效益型向质量效益型转变。由于单产和果品质量的不断提高,苹果生产的经济效益将进一步增长。苹果生产良好的经济效益,有赖于较高的产出投入比。目前,我国丰产期苹果园的产出投入比一般为5∶1以上,即每投入1元,可获得收入5元以上的收益。而且在一定范围内,投入越高,产出越多。

(三) 提高苹果生产效益
任重道远,前景美好

　　苹果生产的收益高低,与投入多少、果品质量好坏、品种优劣密切相关。在当前条件下,每 667 平方米苹果园每年的投入为:幼树园(1～5 年生)300～600 元;一般结果园 1 000～2 000 元;红富士优质丰产园 2 000～3 000 元。不同的投入水平,果农所得纯收益相差很大。在中等投入条件下,667 平方米纯收益 2 000～4 000 元;而在高投入条件下,667 平方米纯收益达 5 000～10 000 元,二者相差数倍。目前,苹果生产主要有两种投入产出模式。一种是高投入高产出模式,667 平方米纯收益在 1 万元左右;另一种是中等投入中高产出模式,667 平方米纯收益在 3 000～4 000 元之间。虽然高投入高产出模式尚未为果农所普遍采用,还仅限于少数专业户和专业村,然而,随着认识的不断提高和市场的逐步引导,这种管理模式定会逐步得到普及。但具体选择那种模式,要视经营者的经济状况和生产技术水平而定,不可强求。

　　在投入构成方面,以 667 平方米高档优质红富士苹果丰产园为例,总投入需 1 650～2 850 元,其中,劳力 300～600元,肥料 400～500 元,水 50～100 元,农药 150～200 元,果袋600～800 元,银膜 150～300 元,农机具 100～200 元,其他100～150 元。科技投入在苹果生产投入中占有相当比例。采用新农药、生长调节剂、新肥料、节水设施、套纸袋、铺反光银膜和营养分析等高技术及其产品,在总支出中占 30%～40%。除物资和技术投入外,必要的劳动投入也是保证苹果生产获得较高经济效益的重要因素。劳动投入的多少,在一定程度上反映着果园的技术管理水平。较高的投入主要用于疏花、疏果、套袋、摘叶和转果等技术性劳动上。劳动投入较少,则生产中缺乏用工较多的技术性劳动,苹果生产处于传统技术阶段。调查(常平凡,2002)显示,单位面积销售收入,与单位面积资金和劳动投入水平呈正相关。即单位面积资金和劳动投入越高,销售收入水平也越高,纯收益也就越高。

在单位面积产量一定的情况下,苹果生产的经济效益高低,主要取决于果实的品质。我国苹果生产经过改革开放以来,尤其是最近十余年的快速发展,国内苹果市场在数量上已近饱和,并开始出现供大于求的局面。果品质量已成为市场竞争的焦点和关键因素。随着收入和消费水平的不断提高,消费者对苹果质量提出了越来越高的要求,不但喜欢果实内质好(果肉细脆、多汁、甜酸适度、芳香可口等),而且注重外观好(个大、形正、高桩、全红、光洁等),同时还要求果实无污染,无公害。国际市场尤其如此。目前,我国优质苹果只有30%,高档精品果不到5%。这类苹果质量好,竞争力强,价格高而坚挺,供不应求,每 667 平方米纯收益在 3000~4000元。中档果供过于求,价低卖难,每 667 平方米收入在 2 000元左右。低档果无人问津,赔钱销售,每 667 平方米收入只有1 000 元左右,除去成本,几乎无利可赚。与普通苹果相比,绿色食品苹果和无公害食品苹果,由于食用安全性有保障,颇受消费者尤其是高收入阶层和国际市场的欢迎,价格高,销路好,经济效益更为可观,值得大力发展。

由于我国苹果生产规模的迅速扩大,国内苹果销售市场已由过去的卖方市场转变为买方市场,实行优质优价,质量好的苹果与质量差的苹果,价格可相差 4~5 倍,甚至更高。另外,由于消费者的喜好和苹果本身的品质差异,不同品种间果品销售价格存在较大差异,生产者的收益亦如此。以中国农产品供求信息网公布的 2002 年 1 月 10 日国内水果市场批发价格为例,红星、秦冠苹果一般不超过 1 元/千克,而富士苹果多在 1.5～3.0 元/千克之间。还需注意的是,目前,我国苹果早、中、晚熟品种栽培比例失调,熟期过于集中。晚熟品种苹果过多,导致采后市场销售压力大,价格不高,经济效益低。而早熟品种苹果市场空间大,价格高,经济效益好,但生产规模仍比较小,可以适量发展。

就我国整个苹果生产而言,在保证良种良法基础上,早、中、晚熟品种栽培面积比例应达到早熟品种 15% 左右,中熟品种 20% 左右,晚熟品种 65% 左右。另外,市场对苹果品种的要求,具有多样性和不稳定性,客观上要求苹果生产者栽培的品种不能过于单一。否则,将难以承受市场需求变化带来的风险,而严重影响经济效益。

考虑到国内市场已基本饱和,我国应在大幅度提高苹果质量、增强我国苹果的市场竞争力的基础上,加大国际市场开拓力度,发展面向出口市场的优良品种。同时大力发展苹果加工业,提高加工用苹果所占的比例,减轻鲜销市场压力。从而稳步地提高我国苹果产业的经济效益,尤其是果农的经济收入。

主要参考文献

1 束怀瑞主编．苹果学．北京：中国农业出版社，1999

2 翟 衡，李富军，左方梅等．加工苹果品种简介．中国果树，2001(6)

3 陆秋农主编．苹果高效栽培技术问答．北京：中国农业出版社，1997

4 黄照愿．配方施肥与叶面施肥．北京：金盾出版社，2005

5 王金友．改进苹果和梨树主要病虫害防治技术的建议（一）．中国果树，2006(2)

6 王金友．改进苹果和梨树主要病虫害防治技术的建议（二）．中国果树，2006(3)

7 杨少桧，卢运明，林娜．我国几种主要水果的物流现状与存在问题．保鲜与加工，2001(6)

8 王文辉，徐步前主编．果品采后处理及贮运保鲜．北京：金盾出版社，2003

9 常平凡．中国苹果产销现状调查及战略研究．北京：中国农业出版社，2002

10 胡继连，赵瑞莹，张吉国．果品产业化管理理论与实践．北京：中国农业出版社，2003

11 农业部科技教育司，中国农业大学资源与环境学院，中国农业出版社．果树施肥图解．北京：中国农业出版社，2005

金盾版图书,科学实用,
通俗易懂,物美价廉,欢迎选购

桃树整形修剪图解		技术	5.50 元
(修订版)	6.00 元	大棚温室葡萄栽培技术	4.00 元
桃树病虫害防治(修		葡萄保护地栽培	5.50 元
订版)	9.00 元	葡萄无公害高效栽培	12.50 元
桃树良种引种指导	9.00 元	葡萄良种引种指导	12.00 元
桃病虫害及防治原色		葡萄高效栽培教材	6.00 元
图册	13.00 元	葡萄整形修剪图解	6.00 元
桃杏李樱桃病虫害诊断		葡萄标准化生产技术	11.50 元
与防治原色图谱	25.00 元	怎样提高葡萄栽培效益	12.00 元
扁桃优质丰产实用技术		寒地葡萄高效栽培	13.00 元
问答	6.50 元	葡萄园艺工培训教材	11.00 元
葡萄栽培技术(第二次		李无公害高效栽培	8.50 元
修订版)	12.00 元	李树丰产栽培	3.00 元
葡萄优质高效栽培	12.00 元	引进优质李规范化栽培	6.50 元
葡萄病虫害防治(修订		李树保护地栽培	3.50 元
版)	11.00 元	欧李栽培与开发利用	9.00 元
葡萄病虫害诊断与防治		李树整形修剪图解	6.50 元
原色图谱	18.50 元	杏标准化生产技术	10.00 元
盆栽葡萄与庭院葡萄	5.50 元	杏无公害高效栽培	8.00 元
优质酿酒葡萄高产栽培		杏树高产栽培(修订版)	7.00 元

以上图书由全国各地新华书店经销。凡向本社邮购图书或音像制品,可通过邮局汇款,在汇单"附言"栏填写所购书目,邮购图书均可享受 9 折优惠。购书 30 元(按打折后实款计算)以上的免收邮挂费,购书不足 30 元的按邮局资费标准收取 3 元挂号费,邮寄费由我社承担。邮购地址:北京市丰台区晓月中路 29 号,邮政编码:100072,联系人:金友,电话:(010)83210681、83210682、83219215、83219217(传真)。